Springer-Lehrbuch

W0077355

Ralf Schindler

Logische Grundlagen der Mathematik

 Springer

Prof. Dr. Ralf Schindler
Westfälische Wilhelms-Universität Münster
Institut für Mathematische Logik und Grundlagenforschung
Einsteinstraße 62
48149 Münster
rds@math.uni-muenster.de

Springer-Lehrbuch ISSN 0937-7433
ISBN 978-3-540-95931-1   e-ISBN 978-3-540-95932-8
DOI 10.1007/978-3-540-95932-8
Springer Dordrecht Heidelberg London New York

Die Deutsche Nationalbibliothek verzeichnet diese Publikation in der Deutschen
Nationalbibliografie; detaillierte bibliografische Daten sind im Internet über
http://dnb.d-nb.de abrufbar.

Mathematics Subject Classification (2000): 00-01, 00A05, 03-01, 03B10, 03W05

© Springer-Verlag Berlin Heidelberg 2009

Herstellung: le-tex publishing services oHG, Leipzig
Einbandgestaltung: WMX Design GmbH, Heidelberg

Gedruckt auf säurefreiem Papier

Springer ist Teil der Fachverlagsgruppe Springer Science+Business Media
(www.springer.de)

Dem Andenken an Walter Felscher gewidmet.

Vorwort

Dieses Büchlein soll grundlegende mathematische Einsichten, Werkzeuge und Allgemeinbildung vermitteln. Mathematikerinnen und Mathematiker sind zumeist damit beschäftigt, (möglichst) interessante neue Sätze aus bereits bekannten Sätzen oder Axiomen zu beweisen. Der Rigorosität der in der Mathematik spätestens seit EUKLID vorgeschriebenen *axiomatischen Methode* steht freilich ein notwendiger gehöriger Schuss mathematischer *Intuition*, d. h. (bildliche) Anschauung, Phantasie und Kreativität der erfolgreich tätigen Mathematikerinnen und Mathematiker zur Seite.

Diesen beiden Säulen soll in der folgenden Darstellung Rechnung getragen werden. Ziel ist es, fundamentale mathematische Einsichten für den späteren Gebrauch und für den richtigen Blick auf die Welt der Mathematik im Lichte von Axiomatik und Intuition näherzubringen.

Das Buch sollte von allen Mathematik-Studierenden in den ersten Semestern mit Gewinn durchgearbeitet werden können. Sein Inhalt ist absichtlich nicht zu umfangreich gehalten, so dass es auch „nebenbei" gelesen werden kann.

Wir werden folgende Fragen betrachten: Was unterscheidet endliche von unendlichen Mengen? Wie lassen sich die ganzen, rationalen und reellen Zahlen aus den natürlichen Zahlen und letztere aus Mengen konstruieren? Welche grundlegenden mengentheoretischen Konstruktionen werden hierfür und überhaupt in der Mathematik gebraucht? Welche grundlegenden topologischen Eigenschaften besitzt die Menge der reellen Zahlen? Wofür wird das Auswahlaxiom benötigt? Lassen sich die natürlichen oder reellen Zahlen vollständig axiomatisch beschreiben? Mit Hilfe der Ultrapotenzmethode werden Nichtstandard-Modelle der Theorie der natürlichen und reellen Zahlen konstruiert, und es wird eine Version des GÖDELschen Unvollständigkeitssatzes bewiesen.

Anlaß der Niederschrift dieses Büchleins war die Tatsache, dass seit der Umstellung auf Bachelor- und Masterstudiengänge an der Universität Münster für alle Studierenden der Mathematik im 1-Fach-Bachelor im 2. Semester die Vorlesung „Logische Grundlagen" verpflichtend angeboten wird.

Mathematik läßt sich nicht durch bloßes Lesen oder Zuhören erlernen; das Bearbeiten von Übungsaufgaben ist einer der wichtigsten Bestandteile eines Mathematikstudiums. Bei den Übungsaufgaben (Problemen) bezeichnet ° reine Verständnisprobleme und * etwas schwierigere Aufgaben.

Ich danke Martina Pfeifer für das TeXen der ersten Version und für das Zeichnen der Bilder und Dominik Adolf und Philipp Lücke für das Korrekturlesen. Verbliebene Fehler sind mir zuzuschreiben; eine letzte (erste) Übungsaufgabe sollte lauten: Finden und reparieren Sie bitte alle Fehler, die der Text leider vermutlich immer noch enthält!

Und jetzt wünsche ich Ihnen viel Vergnügen und Erfolg beim Lesen und Durcharbeiten!

Münster i. Westf.,   *Ralf Schindler*
16. Januar 2009

Inhaltsverzeichnis

Kapitel 1

Natürliche Zahlen

1

1 Natürliche Zahlen

1

1 Natürliche Zahlen

Eines der Grundgerüste der Mathematik ist die Menge der
natürlichen Zahlen $0, 1, 2, \ldots$ sowohl als Untersuchungsob-
jekt (in der Zahlentheorie) als auch als Hilfsmittel (in allen Bereichen der Mathematik). Dabei interessieren uns die
natürlichen Zahlen nicht so sehr als *Menge* einzelner Elemente ohne Beziehung untereinander, sondern viel mehr als
Struktur, d. h. als Menge mit auf ihr definierten Relationen
(z. B. der Ordnungsrelation $<$) und Verknüpfungen (z. B.
$+$ und $\cdot$). Wir wollen dennoch zunächst in Abschnitt 1.1
die natürlichen Zahlen als Menge betrachten, um sie erst
danach in Abschnitt 1.2 als Struktur zu studieren.

Allerdings benötigen wir selbst zum Studium der bloßen
Menge der natürlichen Zahlen eine grundlegende strukturelle Einsicht, nämlich das *Induktionsaxiom*. Dieses werden
wir im Abschnitt 1.2 genauer untersuchen; wir benötigen
es als Beweisprinzip aber bereits in Abschnitt 1.1. Die
natürlichen Zahlen sind durch $<$ in natürlicher Weise geordnet. Das Induktionsaxiom besagt, dass jede nichtleere
Menge natürlicher Zahlen ein (im Sinne von $<$) kleinstes
Element besitzt, welches gleich 0 oder gleich $n + 1$ für eine
natürliche Zahl n ist.

1.1 Endliche und unendliche Mengen   1.1

Die Menge

$$\mathbb{N} = \{0, 1, 2, \ldots\}$$

der natürlichen Zahlen ist *unendlich* im Gegensatz etwa zur *endlichen* Menge $\{0, 1, 2\}$ der natürlichen Zahlen, die kleiner als 3 sind. (Wir verwenden hier und im Folgenden die Notation der geschweiften Klammern: $\{x, y, z, \ldots\}$ ist diejenige Menge, die genau die Elemente x, y, z, ... enthält.) Wie lassen sich unendliche Mengen charakterisieren? Zur Beantwortung dieser Frage benötigen wir einige einfache mengentheoretische Begriffe und Tatsachen.

Eine *Funktion* (oder *Abbildung*) *von A nach B* ordnet jedem x aus A (d.h. $x \in A$) genau ein $y = f(x)$ aus B (d.h. $y \in B$) zu; wir schreiben für diesen Sachverhalt $f : A \to B$. In dieser Situation heißt A der *Definitionsbereich* (oder *Urbildbereich*) und B der *Wertebereich von f*.

1.1.1

Definition 1.1.1 Seien A und B Mengen, und sei $f : A \to B$ eine Abbildung von A nach B. Dann heißt f *injektiv* gdw. für alle $x, y \in A$ aus $f(x) = f(y)$ bereits $x = y$ folgt. Die Abbildung f heißt *surjektiv* gdw. für alle $z \in B$ ein $x \in A$ existiert, so dass $f(x) = z$. Schließlich heißt f *bijektiv* gdw. f injektiv und surjektiv ist. □

1.1.2

Lemma 1.1.2 Seien A und B nichtleere Mengen. Wenn es eine Injektion $f : A \to B$ gibt, dann existiert auch eine Surjektion $g : B \to A$.

Beweis: Da A nichtleer ist, können wir ein $x_0 \in A$ auswählen. Wir definieren eine Abbildung $g : B \to A$ wie folgt. Sei $z \in B$. Wenn es ein $x \in A$ mit $f(x) = z$ gibt, dann gibt es wegen der Injektivität von f genau ein solches x,

und wir definieren $g(z) = x$ für das eindeutige $x \in A$ mit
$f(x) = z$. Wenn es kein $x \in A$ mit $f(x) = z$ gibt, dann
definieren wir $g(z) = x_0$. Offensichtlich ist g damit wohldefiniert. Die Abbildung g ist surjektiv, da für jedes $x \in A$
gilt, dass $g(f(x)) = x$.   □

Das folgende hierzu „duale" Lemma ist weniger trivial, da
sein Beweis das Auswahlaxiom benötigt, welches in Abschnitt 3.2 besprochen wird.

Lemma 1.1.3 Seien A und B nichtleere Mengen. Wenn es   **1.1.3**
eine Surjektion $f \colon A \to B$ gibt, dann existiert auch eine
Injektion $g \colon B \to A$.

Der Beweis dieses Lemmas wird im 3. Kapitel geliefert, siehe Lemma 3.2.2.
Wir zeigen hier Lemma 1.1.3 für den Fall, dass A eine Menge natürlicher Zahlen ist.
Sei also $f \colon A \to B$ surjektiv, wobei A eine nichtleere Menge
natürlicher Zahlen ist. Wir definieren dann eine Injektion
$g \colon B \to A$ wie folgt. Für $x \in B$ sei $g(x)$ das kleinste $m \in A$,
so dass $f(m) = x$. Da f surjektiv ist, ist g wohldefiniert.
Offensichtlich ist g injektiv, da für $g(x) = g(y)$ gilt, dass
$x = f(g(x)) = f(g(y)) = y$.   □

Eine Menge A heißt *Teilmenge* der Menge B (und B *Obermenge* von A), $A \subset B$, gdw. jedes Element von A auch
Element von B ist. Insbesondere folgt $A \subset B$ aus $A = B$,
und es gilt $A = B$ gdw. $A \subset B$ und $B \subset A$. Die *leere*

Menge $\emptyset$ ist trivial Teilmenge jeder Menge. Wir schreiben $A \subsetneq B$, falls A eine *echte* Teilmenge von B (und damit B eine *echte* Obermenge von A) ist, d. h. wenn $A \subset B$ und $A \neq B$.

Sei $f \colon A \to B$ eine Abbildung. Wir schreiben dann $f[A]$ für das *Bild von* A *unter* f, d. h. $f[A] = \{f(x) \colon x \in A\} =$ die Menge aller $f(x)$ für ein $x \in A$. Dann ist $f \colon A \to B$ surjektiv gdw. $B = f[A]$. Wenn $f \colon A \to B$ injektiv ist, dann schreiben wir $f^{-1} \colon f[A] \to A$ für die *Umkehrabbildung* von f, d. h. für dasjenige $g \colon f[A] \to A$ mit $g(f(x)) = x$. Die Abbildung g im Beweis von Lemma 1.1.2 ist also wie folgt definiert: $g(z) = f^{-1}(z)$, falls $z \in f[A]$, und $g(z) = x_0$ sonst.

Wenn $A \subset B$, dann gibt es offensichtlich eine Injektion von A nach B, nämlich die *Identität* auf A, die jedes $x \in A$ auf sich selbst abbildet.

Für $f \colon A \to B$ und $D \subset A$ schreiben wir $f \upharpoonright D$ für die *Einschränkung von* f *auf* D, d. h. für die Funktion $g \colon D \to B$ mit $g(x) = f(x)$ für alle $x \in D$.

Für beliebige Mengen A und B schreiben wir $A \setminus B$ für die Menge aller x, die zwar in A, jedoch nicht in B liegen. Es gilt $A \subset B$ gdw. $A \setminus B = \emptyset$.

Der Beweis des nachfolgenden Satzes lässt sich wiederum ohne Auswahlaxiom vollziehen.

1.1.4   **Satz 1.1.4 (Schröder-Bernstein)** Seien A und B nichtleere Mengen. Wenn es Injektionen $f \colon A \to B$ und $g \colon B \to A$ gibt, dann gibt es eine Bijektion $h \colon A \to B$.

Beweis: Für $n \in \mathbb{N}$ definieren wir zunächst Teilmengen X_n von A und Y_n von B wie folgt. Sei $Y_0 = B \setminus f[A]$. Wenn Y_n definiert ist, dann sei $X_n = g[Y_n]$ und $Y_{n+1} = f[X_n]$. Schließlich sei X die Menge aller x mit $x \in X_n$ für ein $n \in \mathbb{N}$, und es sei Y die Menge aller y mit $y \in Y_n$ für ein $n \in \mathbb{N}$.

Da $g[Y_n] = X_n$ für jedes $n \in \mathbb{N}$, gilt $g[Y] = X$. Da g injektiv ist, ist also $g^{-1} \upharpoonright X$ eine Bijektion von X auf Y.

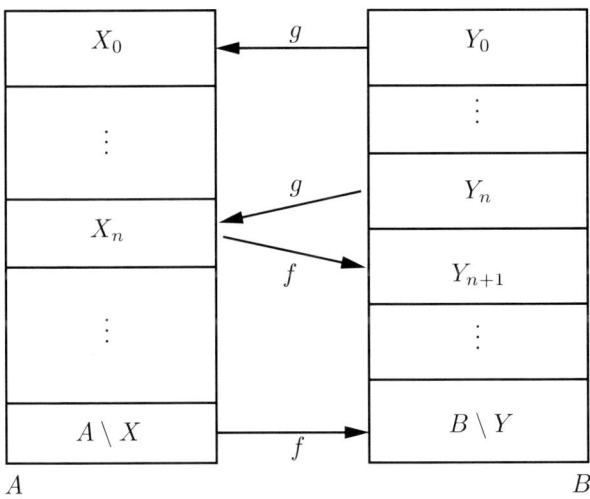

Es gilt aber auch $f[A \setminus X] = B \setminus Y$. Sei nämlich zunächst $x \in A \setminus X$. Wäre dann $f(x) \in Y$, etwa $f(x) \in Y_n$, dann wäre $n > 0$ und somit $x \in X_{n-1} \subset X$ mit Hilfe der Injektivität von f. Widerspruch! Also gilt $f[A \setminus X] \subset B \setminus Y$. Sei nun

$y \in B \setminus Y \subset B \setminus Y_0$. Dann ist $y \in f[A]$, etwa $y = f(x)$. Wäre $x \in X$, etwa $x \in X_n$, dann hätten wir $y = f(x) \in f[X_n] = Y_{n+1} \subset Y$. Widerspruch! Also gilt auch $B \setminus Y \subset f[A \setminus X]$ und somit $f[A \setminus X] = B \setminus Y$.

Damit ist also $f \upharpoonright (A \setminus X)$ eine Bijektion von $A \setminus X$ auf $B \setminus Y$.

Wir können nun sehr einfach eine Bijektion $h \colon A \to B$ wie folgt definieren. Sei $h(x) = g^{-1}(x)$, falls $x \in X$, und sei $h(x) = f(x)$, falls $x \in A \setminus X$.   □

Betrachten wir nun Teilmengen A und B von $\mathbb{N}$.

1.1.5

Definition 1.1.5 Eine Menge $B \subset \mathbb{N}$ heißt *Anfangsstück von* $\mathbb{N}$ gdw. es entweder ein $n \in \mathbb{N}$ gibt mit $B = \{m \in \mathbb{N} \colon m < n\}$ oder wenn $B = \mathbb{N}$.   □

Sei $A \subset \mathbb{N}$. Wir wollen ein Anfangsstück B_A von $\mathbb{N}$ und eine Bijektion $f_A \colon B_A \to A$ konstruieren. Hierbei soll f_A einfach die „natürliche Aufzählung" von A sein.

Betrachten wir zunächst einige einfache Beispiele. Für $A = \{2n \colon n \in \mathbb{N}\}$, die Menge der geraden natürlichen Zahlen, ist $B_A = \mathbb{N}$ und $f_A(n) = 2n$. Wenn A die Menge der Primzahlen ist, dann ist ebenfalls $B_A = \mathbb{N}$ und $f_A(n)$ ist die n^{te} Primzahl in der natürlichen Aufzählung der Primzahlen. Wenn $A = \{2n+1 \colon n \in \mathbb{N}, 2n+1 < 10^{37}\}$, dann ist $B_A = \{m \in \mathbb{N} \colon m < 5 \cdot 10^{36}\}$ und $f_A(n) = 2n+1$.

Betrachten wir nun eine beliebige Teilmenge A von $\mathbb{N}$.

Wenn $A = \emptyset$, dann sei $B_A = \emptyset$ und f_A die „leere Funktion". Sei nun $A \neq \emptyset$. Wir definieren dann $f_A(0)$ als das kleinste Element von A. Falls $A = \{f_A(0)\}$ dann setzen wir $B_A = \{0\}$ und brechen unsere Konstruktion ab. Andernfalls definieren wir $f_A(1)$ als das kleinste Element von A, das verschieden von $f_A(0)$ (und damit größer als $f_A(0)$) ist. Falls $A = \{f_A(0), f_A(1)\}$, dann setzen wir $B_A = \{0, 1\}$ und brechen unsere Konstruktion ab. Andernfalls fahren wir in gleicher Weise fort. Nehmen wir an, wir haben $f_A(0)$, $f_A(1)$, ..., $f_A(n)$ bereits definiert. Falls

$$A = \{f_A(0), f_A(1), \ldots, f_A(n)\} \, ,$$

dann setzen wir $B_A = \{0, 1, \ldots, n\}$ und brechen unsere Konstruktion ab. Andernfalls definieren wir $f_A(n+1)$ als das kleinste Element von A, das verschieden von $f_A(0)$, $f_A(1)$, ...,$f_A(n)$ (und damit größer als alle diese) ist.

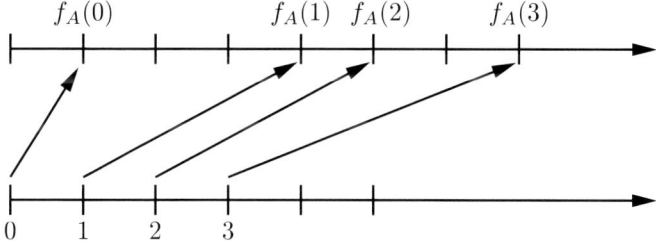

Wir bemerken, dass f_A *streng monoton wächst*, d. h. $f_A(m) > f_A(n)$ für alle m und n mit $m > n$, für die sowohl $f_A(m)$ als auch $f_A(n)$ definiert sind. Daraus ergibt sich übrigens, dass $f_A(n) \geq n$ für alle n, für die $f_A(n)$ definiert ist (vgl. Problem 1.1.4). Außerdem gilt nach Konstruktion offensichtlich, dass für alle n, für die $f_A(n)$ definiert ist,

$(*)$ $\{k \in A \colon k \le f_A(n)\} = \{f_A(0), f_A(1), \ldots, f_A(n)\}$.

Es gibt nun die folgenden beiden Fälle.

Entweder gibt es ein n, so dass die Konstruktion nach $n+1$ Schritten abbricht, d. h. $A = \{f_A(0), f_A(1), \ldots, f_A(n)\}$ und $B_A = \{0, 1, \ldots, n\}$. Oder die Konstruktion bricht nicht ab; in diesem Falle setzen wir $B_A = \{0, 1, 2, \ldots\} = \mathbb{N}$.

Es ist nun unschwer erkennbar, dass wir in beiden Fällen ein Anfangsstück B_A von $\mathbb{N}$ und eine Bijektion $f_A \colon B_A \to A$ definiert haben: f_A ist injektiv, da f_A streng monoton wächst, und f_A ist surjektiv wegen $(*)$.

Konstruktionen wie die obige werden als „rekursiv" bezeichnet, da der Funktionswert an der Stelle n in Abhängigkeit von den Funktionswerten an den Stellen $0, 1, \ldots, n-1$ definiert wird. Im Beweis des Satzes 1.1.4 von Schröder-Bernstein wurde ebenfalls eine Rekursion verwendet: die Mengen X_n und Y_{n+1} wurden dort mit Hilfe der Menge Y_n konstruiert.

────────

1.1.6   **Definition 1.1.6**   Sei $A \subset \mathbb{N}$, und seien B_A und f_A wie oben definiert. Dann heißt A *endlich* gdw. es ein $n \in \mathbb{N}$ gibt mit $B_A = \{m \in \mathbb{N} \colon m < n\}$, andernfalls heißt A *unendlich*. □

So ist beispielsweise $\mathbb{N}$ selbst oder die Menge der geraden Zahlen oder die Menge der Primzahlen unendlich, während die Menge der ungeraden Zahlen, die kleiner als 10^{37} sind, endlich ist. Dahingegen weiß man im Moment nicht, ob die Menge der Primzahlen p, für die auch $p + 2$ Primzahl ist, endlich oder unendlich ist.

Offensichtlich gilt:

Lemma 1.1.7 Sei $A \subset \mathbb{N}$. Dann ist entweder A endlich oder es gibt eine Bijektion $f: \mathbb{N} \to A$.

1.1.7

Lemma 1.1.8 Seien $B, D \subset \mathbb{N}$ Anfangsstücke von $\mathbb{N}$, so dass eine Bijektion $f: B \to D$ existiert. Dann gilt $B = D$.

1.1.8

Beweis: Wir zeigen diese Aussage durch Induktion. Angenommen, es gibt Anfangsstücke B, D von $\mathbb{N}$ mit $B \subsetneqq D$, so dass eine Bijektion $f: B \to D$ existiert. Für derartige Anfangsstücke B, D existiert ein $n \in \mathbb{N}$ mit

$$B = \{m \in \mathbb{N}: m < n\}.$$

Sei nun n_0 die kleinste natürliche Zahl n, so dass Anfangsstücke B, D von $\mathbb{N}$ existieren mit $B \subsetneqq D, B = \{m \in \mathbb{N}: m < n\}$, und es eine Bijektion $f: B \to D$ gibt. Offensichtlich gilt $n_0 > 0$. Seien B, D Anfangsstücke von $\mathbb{N}$, $B \subsetneqq D, B = \{m \in \mathbb{N}: m < n_0\}$, und sei $f: B \to D$ bijektiv. Sei zunächst angenommen, dass

$$D = \{m \in \mathbb{N}: m < k\}$$

für ein $k \in \mathbb{N}$, $k > n_0 > 0$. Wir definieren dann $\overline{B} = \{m \in \mathbb{N}: m < n_0 - 1\}, \overline{D} = \{m \in \mathbb{N}: m < k - 1\}$ und eine Bijektion $h: \overline{B} \to \overline{D}$ wie folgt.

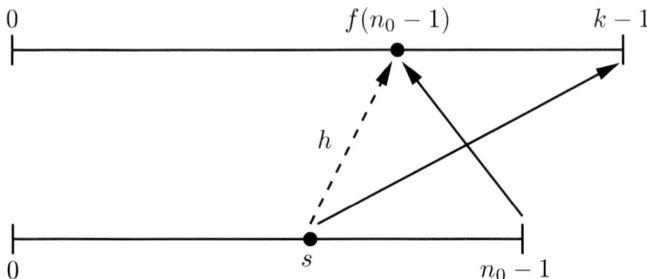

Sei $s < n_0$ so, dass $f(s) = k - 1$. Dann sei für $m < n_0 - 1$ der Wert $h(m)$ definiert als $f(m)$, falls $m \neq s$, und $h(s) = f(n_0 - 1)$, falls $s < n_0 - 1$. (Offensichtlich muss nun auch $k - 1 > n_0 - 1 > 0$ sein.)

Die Existenz von $\overline{B}, \overline{D}, h$ widerspricht aber dann der Wahl von n_0.

Sei nun angenommen, dass $D = \mathbb{N}$. Wir definieren dann $\overline{B} = \{m \in \mathbb{N}: m < n_0 - 1\}$ und eine Bijektion $h: \overline{B} \to D$ wie folgt. Es sei, für $m < n_0 - 1$, $h(m) = f(m)$, falls $f(m) < f(n_0 - 1)$, und es sei $h(m) = f(m) - 1$, falls $f(m) > f(n_0 - 1)$.

Abermals widerspricht die Existenz von $\overline{B}, D, h$ der Wahl von n_0. $\square$

Für $f: A \to B$ und $g: B \to D$ schreiben wir $g \circ f$ für die *Hintereinanderausführung* von f und g, d. h. für diejenige Funktion $h: A \to D$, welche $x \in A$ nach $g(f(x))$ sendet.

1.1.9   **Korollar 1.1.9** Sei $A \subset \mathbb{N}$, und sei B Anfangsstück von $\mathbb{N}$, so dass eine Bijektion $f: B \to A$ existiert. Dann gilt $B = B_A$.

Beweis: Die Abbildung $g = f_A^{-1} \circ f \colon B \to B_A$ ist bijektiv. Lemma 1.1.8 liefert dann $B = B_A$. $\qquad\square$

Für jedes endliche $A \subset \mathbb{N}$ gibt es also genau ein $n \in \mathbb{N}$, so dass eine Bijektion $f \colon \{0, 1, \ldots, n-1\} \to A$ existiert. (Im Falle $n = 0$ ist f die „leere Funktion".)

Definition 1.1.10 Sei $A \subset \mathbb{N}$. Wenn A endlich ist, dann heißt dasjenige $n \in \mathbb{N}$, so dass eine Bijektion $f \colon \{m \in \mathbb{N} \colon m < n\} \to A$ existiert, die *Größe von A*. $\qquad\square$

1.1.10

Für endliches A ist also wegen Korollar 1.1.9 die Größe von A gleich n, wobei $B_A = \{m \in \mathbb{N} \colon m < n\}$.

Lemma 1.1.11 Seien D und A endliche Mengen, wobei $D \subset A \subset \mathbb{N}$. Sei die Größe von D dieselbe wie die Größe von A. Dann gilt $D = A$.

1.1.11

Beweis: Angenommen, $D \subsetneq A$. Sei n die gemeinsame Größe von D und A und seien $f_D \colon B_D = \{m \in \mathbb{N} \colon m < n\} \to D$ und $f_A \colon B_A \to A$ die natürlichen Aufzählungen. Sei $E = A \setminus D$. Da $D \subsetneq A$ gilt $E \neq \emptyset$. Sei $f_E \colon B_E \to E$ die natürliche Aufzählung.

Sei zunächst E als endlich angenommen, und sei $k > 0$ die Größe von E. Wir definieren dann die „Verkettung"

$$h \colon \{m \in \mathbb{N} \colon m < n + k\} \to A$$

von f_D und f_E durch $h(m) = f_D(m)$, falls $m < n$ und $h(n + m) = f_E(m)$, falls $m < k$. Dann ist h offensichtlich bijektiv.

Damit gilt, dass

$$f_A^{-1} \circ h \colon \{m \in \mathbb{N} \colon m < n + k\} \to \{m \in \mathbb{N} \colon m < n\}$$

bijektiv ist, wonach nach Lemma 1.1.8 gilt, dass $n + k = n$. Aber $k > 0$. Widerspruch!

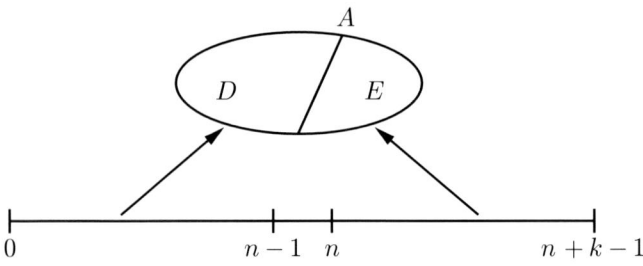

Sei nun E als unendlich angenommen. Wir definieren dann die „Verkettung"

$$h \colon \mathbb{N} \to A$$

von f_D und f_E durch $h(m) = f_D(m)$, falls $m < n$ und $h(n + m) = f_E(m)$, falls $m \in \mathbb{N}$. Dann ist h offensichtlich bijektiv.

Damit gilt, dass

$$f_A^{-1} \circ h \colon \mathbb{N} \to \{m \in \mathbb{N} \colon m < n\}$$

bijektiv ist. Die Existenz einer solchen Bijektion wiederspricht aber Lemma 1.1.8! □

Eine sehr nützliche Charakterisierung (un)endlicher Mengen ergibt sich aus dem folgenden

---

Satz 1.1.12 Sei $A \subset \mathbb{N}$. Dann ist A endlich gdw. es keine echte Teilmenge D von A gibt, so dass

1.1.12

(a) eine Injektion $f \colon A \to D$ existiert, oder
(b) eine Surjektion $g \colon D \to A$ existiert, oder
(c) eine Bijektion $h \colon A \to D$ existiert.

Beweis: Auf Grund von Lemma 1.1.2 folgt aus (a), dass (b) gilt. Auf Grund von Lemma 1.1.3, welches wir für diesen Fall bereits bewiesen haben, folgt aus (b), dass (a) gilt. Aus der Existenz einer echten Teilmenge D von A mit (a) folgt die Existenz einer echten Teilmenge D von A mit (c), da wir für eine Injektion $f \colon A \to D$ die Menge $D \subsetneqq A$ durch die Menge $\overline{D} = f[A] \subset D \subsetneqq A$ ersetzen können; $f \colon A \to \overline{D}$ ist dann bijektiv. Aus (c) folgt trivial (a). Die Aussagen, wonach eine echte Teilmenge D von A mit (a), (b) oder (c) existiert, sind also paarweise äquivalent.

Sei nun zunächst A unendlich. Wir betrachten $f_A \colon B_A = \mathbb{N} \to A$. Sei

$$D = \{f_A(n) \colon n > 0\} \subsetneqq A \,.$$

Wir können eine Surjektion $g \colon D \to A$ definieren, indem wir $f_A(n)$ für $n > 0$ nach $f_A(n - 1)$ senden. Diese Abbildung ist sogar bijektiv.

Sei jetzt A endlich. Wir zeigen dann, dass es keine echte Teilmenge D von A gibt, so dass eine Bijektion $h\colon A \to D$ existiert. Andernfalls sei n die Größe von A, und es seien $f_A\colon B_A = \{m \in \mathbb{N}\colon m < n\} \to A$ und $f_D\colon B_D \to D$ die natürlichen Aufzählungen von A und D. Dann ist $f_D^{-1} \circ h \circ f_A$ eine Bijektion von B_A auf B_D, wonach mit Lemma 1.1.8 gilt, dass $B_D = \{m \in \mathbb{N}\colon m < n\}$. Da $D \subset A$, gilt dann aber $D = A$ nach Lemma 1.1.11. Widerspruch!   □

1.1.13   **Korollar 1.1.13** Sei $A \subset \mathbb{N}$ endlich, und sei $f\colon A \to A$. Dann sind die folgenden Aussagen äquivalent.

(a) f ist injektiv.

(b) f ist surjektiv.

(c) f ist bijektiv.

Beweis: Sei f injektiv. Angenommen, f wäre nicht surjektiv. Sei $\overline{A} = f[A]$. Dann gilt $\overline{A} \subsetneq A$, und $f\colon A \to \overline{A}$ ist bijektiv. Widerspruch!

Sei nun f surjektiv. Angenommen, f wäre nicht injektiv. Sei $\overline{A}$ die Menge aller $n \in A$, so dass aus $m \in A$ und $f(n) = f(m)$ bereits $m \geq n$ folgt. Dann gilt $\overline{A} \subsetneq A$ und $f \restriction \overline{A}\colon \overline{A} \to A$ ist bijektiv. Widerspruch!

Damit ist das Korollar bewiesen.   □

Die hier bewiesenen Aussagen übertragen sich sehr schnell auf beliebige Mengen.

Definition 1.1.14   Sei A eine beliebige Menge. Dann heißt A **1.1.14**
endlich gdw. es ein $n \in \mathbb{N}$ und eine Bijektion

$$f\colon \{m \in \mathbb{N}\colon m < n\} \to A$$

gibt. In diesem Falle heißt n auch die *Größe von A*. Wenn
A nicht endlich ist, dann heißt A *unendlich*.   □

Das Auswahlaxiom wird zum Beweis der folgenden Aussage
benötigt.

Satz 1.1.15   Sei A eine unendliche Menge. Dann existiert   **1.1.15**
eine Injektion $f\colon \mathbb{N} \to A$.

Der Beweis dieses Satzes wird ebenfalls im 3. Kapitel geliefert, siehe Satz 3.2.16. Mit Hilfe dieses Satzes zeigt man
dann in ansonsten gleicher Weise wie in den Beweisen von
Satz 1.1.12 und Korollar 1.1.13 die folgenden Tatsachen.

Satz 1.1.16   Sei A eine beliebige Menge. Dann ist A endlich   **1.1.16**
gdw. es keine echte Teilmenge D von A gibt, so dass
(a) eine Injektion $f\colon A \to D$ existiert, oder
(b) eine Surjektion $g\colon D \to A$ existiert, oder
(c) eine Bijektion $h\colon A \to D$ existiert.

Korollar 1.1.17   Sei A endlich, und sei $f\colon A \to A$. Dann sind   **1.1.17**
die folgenden Aussagen äquivalent.
(a) f ist injektiv.

(b) f ist surjektiv.

(c) f ist bijektiv.

Eine Anwendung dieses Korollars ist z. B. die folgende Aussage. Jeder endliche *Integritätsring*, d. h. kommutative Ring ohne Nullteiler und mit $1 \neq 0$, ist ein Körper. (Für diese Begriffe siehe z. B. [1] oder [18].) Sei nämlich R ein endlicher Integritätsring. Wir müssen zeigen, dass zu jedem $r \in R \setminus \{0\}$ ein $s \in R \setminus \{0\}$ mit $r \cdot s = 1$ existiert. Sei $r \in R \setminus \{0\}$ beliebig. Wir betrachten die Abbildung $f_r \colon R \setminus \{0\} \to R$, die $s \in R \setminus \{0\}$ nach $r \cdot s$ sendet. Da R nullteilerfrei ist, gilt $f_r[R \setminus \{0\}] \subset R \setminus \{0\}$, und es folgt aus $r \cdot s = r \cdot s'$, d. h. $r \cdot (s - s') = 0$, dass $s - s' = 0$, d. h. $s = s'$. Damit ist $f_r \colon R \setminus \{0\} \to R \setminus \{0\}$ injektiv, wegen der Endlichkeit von R und Satz 1.1.17 also auch surjektiv. Insbesondere gibt es also ein $s \in R \setminus \{0\}$ mit $r \cdot s = f_r(s) = 1$.

Dies hat zur Folge, dass für jede Primzahl p gilt, dass $\mathbb{Z}/p\mathbb{Z}$ ein Körper ist. (Siehe [1] oder [18].)

1.1.18   **Definition 1.1.18**   Sei A eine Menge. Dann heißt A *abzählbar* gdw. eine Bijektion $f \colon \mathbb{N} \to A$ existiert, und A heißt *höchstens abzählbar* gdw. eine Surjektion $f \colon \mathbb{N} \to A$ existiert. Wenn A nicht höchstens abzählbar ist, dann heißt A *überabzählbar*.   □

Aufgrund von Satz 1.1.15 besitzt jede unendliche Menge eine abzählbare Teilmenge. Weiterhin ist offensichtlich eine Menge A höchstens abzählbar gdw. A abzählbar oder endlich ist. Jedes $A \subset \mathbb{N}$ ist höchstens abzählbar. Wir werden im Abschnitt zeigen, dass $\mathbb{Z}$ und $\mathbb{Q}$ beide abzählbar sind (siehe Satz 2.1.2) und dass $\mathbb{R}$ überabzählbar ist (siehe Satz 2.2.19 und auch Satz 3.1.5).

Problem 1.1.1 ° Seien $f \colon A \to B$ und $g \colon B \to D$ Funktionen. Zeigen Sie: **1.1.1**

(a) Wenn f und g beide injektiv sind, dann ist $g \circ f \colon A \to D$ injektiv.

(b) Wenn f und g beide surjektiv sind, dann ist $g \circ f \colon A \to D$ surjektiv.

(c) Wenn f nicht injektiv ist, dann ist $g \circ f \colon A \to D$ nicht injektiv.

(d) Wenn g nicht surjektiv ist, dann ist $g \circ f \colon A \to D$ nicht surjektiv.

Gelten auch (generell) die folgenden Aussagen?

(e) Wenn g nicht injektiv ist, dann ist $g \circ f \colon A \to D$ nicht injektiv.

(f) Wenn f nicht surjektiv ist, dann ist $g \circ f \colon A \to D$ nicht surjektiv.

Problem 1.1.2 ° Sei $f \colon A \to A$ injektiv *oder* surjektiv, und gelte $f \circ f = f$. Zeigen Sie, dass f die Identität auf A ist. Gilt diese Aussage (generell) auch ohne die Voraussetzung, wonach f injektiv oder surjektiv ist?   **1.1.2**

Für beliebige Mengen A und B bezeichnet $A \cup B$ die *Vereinigung von A und B*, d. h. die Menge aller x mit $x \in A$ oder $x \in B$; $A \cap B$ bezeichnet den *Durchschnitt von A und B*, d. h. die Menge aller x mit $x \in A$ und $x \in B$. Die Mengen

A und B heißen *disjunkt*, falls $A \cap B$ die leere Menge ist, d. h. $A \cap B = \emptyset$.

1.1.3   **Problem 1.1.3** $^\circ$ Sei $f : A \to B$. Für ein beliebiges $Y \subset B$ sei

$$f^{-1}[Y] = \{x \in A \ : \ f(x) \in Y\} \,.$$

Seien X_1, $X_2 \subset A$ und Y_1, $Y_2 \subset B$. Welche der folgenden Aussagen treffen (generell) zu, und für welche gibt es ein Gegenbeispiel? Und welche der folgenden Aussagen treffen (generell) zu, wenn zusätzlich X_1 und X_2 bzw. Y_1 und Y_2 als disjunkt vorausgesetzt werden?

(a) $f[X_1 \cup X_2] = f[X_1] \cup f[X_2]$.
(b) $f[X_1 \cap X_2] = f[X_1] \cap f[X_2]$.
(c) $f^{-1}[Y_1 \cap Y_2] = f^{-1}[Y_1] \cap f^{-1}[Y_2]$.

1.1.4   **Problem 1.1.4** Sei $f : \mathbb{N} \to \mathbb{N}$ streng monoton wachsend. Zeigen Sie: Für alle $n \in \mathbb{N}$ gilt $f(n) \geq n$. (Hinweis: Betrachten Sie andernfalls das kleinste Element von $\{n \in \mathbb{N} : f(n) < n\}$.)

1.1.5   **Problem 1.1.5** Sei A eine endliche Menge, und sei $D \subset A$. Zeigen Sie: D ist endlich. (Hinweis: Sei etwa $A \subset \mathbb{N}$. Betrachten Sie dann $f_D \circ f_A^{-1}$ und benutzen Satz 1.1.12.)

1.1.6   **Problem 1.1.6** Eine Menge $A \subset \mathbb{N}$ heißt *beschränkt*, falls ein $n \in \mathbb{N}$ existiert mit $A \subset \{k \in \mathbb{N} \ : \ k < n\}$. Zeigen Sie: eine beliebige Menge $A \subset \mathbb{N}$ ist endlich gdw. sie beschränkt ist.

Problem 1.1.7 Sei A endlich, und sei n die Grösse von A. Sei $m > n$ und sei $f\colon \{p \in \mathbb{N}\colon p < m\} \to A$. Zeigen Sie: f ist nicht injektiv. (Diese Aussage wird auch als *Schubfachprinzip* bezeichnet.)

1.1.7

Problem 1.1.8 ° Finden Sie ein Gegenbeispiel zur Aussage von Korollar 1.1.13 für unendliches A!

1.1.8

Problem 1.1.9 Zeigen Sie Satz 1.1.16 und Korollar 1.1.17 unter (beweisloser) Benutzung von Satz 1.1.15.

1.1.9

Für Mengen A und B bezeichnet $A \times B$ das *Kreuzprodukt von A und B*, d. h. die Menge aller geordneten Paare (x, y) (vgl. Abschnitt 2.1 und Definition 3.1.1).

Problem 1.1.10

1.1.10

(a) Sei A eine abzählbare Menge. Zeigen Sie: Jede Teilmenge von A ist höchstens abzählbar.
(b) Zeigen Sie: Eine Menge A ist höchstens abzählbar gdw. A endlich oder abzählbar ist.
(c) Seien A und B abzählbare Mengen. Zeigen Sie: $A \times B$ ist abzählbar.

Problem 1.1.11 Beweisen Sie:

1.1.11

(a) Die Menge aller endlichen Teilmengen von $\mathbb{N}$ ist abzählbar. (Hinweis: Sei $(p_n\colon n \in \mathbb{N})$ die natürliche Aufzählung aller Primzahlen, d. h. $p_0 = 2$, $p_1 = 3$, $p_2 = 5$, ... Die Abbildung, die ein endliches $A \subset \mathbb{N}$ nach $\prod_{n \in A} p_n$ sendet, ist injektiv.)

(b) Die Menge aller endlichen Folgen natürlicher Zahlen ist
abzählbar. (Hinweis: Die Abbildung, die ein $f\colon A \to \mathbb{N}$,
wobei A endliches Anfangsstück von $\mathbb{N}$ ist, auf

$$\prod_{n \in A} p_n^{f(n)+1}$$

abbildet, ist injektiv.)

1.2 Die Theorie der natürlichen Zahlen

Wir hatten oben das Induktionsaxiom als die Aussage formuliert, wonach jede nichtleere Menge natürlicher Zahlen ein (im Sinne der natürlichen Ordnung $<$ auf $\mathbb{N}$) kleinstes Element besitzt, welches gleich 0 oder gleich $n + 1$ für eine natürliche Zahl n ist. In dieser Formulierung wird das Induktionsaxiom manchmal auch als das *Prinzip der kleinsten natürlichen Zahl* bezeichnet. Es führt sofort zu folgendem Beweisprinzip.

Sei $A \subset \mathbb{N}$. Angenommen,

(a) $0 \in A$, und

(b) für jedes $n \in \mathbb{N}$ gilt, dass aus $n \in A$ auch $n + 1 \in A$ folgt.

Dann gilt $A = \mathbb{N}$.

Mit Hilfe des Prinzips der kleinsten natürlichen Zahl kann man nämlich wie folgt argumentieren. Angenommen, $A \subsetneqq \mathbb{N}$. Die Menge

$$B = \{n \in \mathbb{N} \colon n \notin A\}$$

ist dann nichtleer, enthält also ein kleinstes Element, n_0. Da $0 \in A$, wegen (a), gilt $n_0 > 0$, so dass $n_0 = m + 1$ gilt für den Vorgänger m von n_0. Wegen der Wahl von n_0 folgt aus $m < n_0$, dass $m \in A$. Wegen (b) gilt dann aber auch $n_0 = m + 1 \in A$. Widerspruch!

Dieser „Beweis" verwendet offensichtlich strukturelle Tatsachen hinsichtlich $\mathbb{N}$ bezüglich $<$ und $+$, z. B., dass jedes $n > 0$ einen Vorgänger m besitzt mit $m + 1 = n$ und dass aus $m + 1 = n$ folgt, dass $m < n$. Wenn man genau analysiert, welche strukturellen Eigenschaften für einen Beweis durch Induktion benötigt werden, gelangt man zum Begriff der *fundierten Relation*, der im 3. Kapitel diskutiert wird (siehe Definition 3.2.4).

Jedenfalls aber ist unser „Beweis" deshalb unbefriedigend, da die ihm zugrundeliegenden strukturellen Eigenschaften von $\mathbb{N}$ nicht vorher explizit gemacht wurden. Mit anderen Worten: Wir sollten zunächst die Theorie von $\mathbb{N}$ axiomatisieren, um sodann im Rahmen eines solchen Axiomensystems gültige Aussagen über $\mathbb{N}$ zu beweisen! Diese Maxime ist im Sinne des allgemeinen EUKLIDschen „axiomatischen" Prinzips, wonach die Methode der Mathematik darin besteht, aus Axiomen (interessante) Aussagen logisch abzuleiten.

Welches ist also ein gutes Axiomensystem für die natürlichen Zahlen?

Zunächst sollte es einige grundlegende arithmetische Tatsachen mitteilen. Die folgende Liste von Axiomen hat sich hier eingebürgert.

(1) $\forall n \quad n + 1 \neq 0$

(2) $\forall n \forall m \ (n + 1 = m + 1 \rightarrow n = m)$

(3) $\forall n \quad n + 0 = n$

(4) $\forall n \forall m \ \ n + (m + 1) = (n + m) + 1$

(5) $\forall n \quad n \cdot 0 = 0$

(6) $\forall n \forall m \ \ n \cdot (m + 1) = (n \cdot m) + n$

(7) $\quad \forall n \ n^0 = 1$

(8) $\forall n \forall m \ n^{m+1} = n^m \cdot n$

(9) $\forall n \forall m \ (n < m + 1 \leftrightarrow (n < m \lor n = m))$

(10) $\quad \forall n \ \neg n < 0$

(11) $\forall n \forall m \ (n < m \lor n = m \lor m < n)$

Wir bezeichnen im folgenden das Axiomensystem, das aus diesen 11 Aussagen besteht, als Q. Die Axiome selbst nennen wir $(Q1)$, $(Q2)$, ..., $(Q11)$.

Das Axiomensystem Q ist in einer *Sprache der Logik erster Stufe* formuliert, die allgemein im Abschnitt 4.1 diskutiert werden wird. Die Sprache von Q, d. h. die Sprache der elementaren Arithmetik, hat die folgenden Symbole:

0   als Konstante für die Null

1   als Konstante für die Eins

+   als zweistelliges Funktionssymbol für die Addition

·   als zweistelliges Funktionssymbol für die Multiplikation
      die Exponentenschreibweise für die Exponentiation

<   als zweistelliges Relationssymbol für die Kleiner-Relation

Hinzu kommen allgemeine logische Symbole, von denen nicht alle in der obigen Liste von Axiomen verwendet wurden:

Klammern: (und)

Junktoren:

¬   für „es ist nicht der Fall, dass",

∧   für „und",

∨   für „oder",

→   für „wenn ..., dann ..." und

↔   für „genau dann, wenn"

Quantoren:

der Allquantor ∀ für „für alle",

der Existenzquantor ∃ für „es gibt"

Variablen: n, m, p ... für natürliche Zahlen

Gleichheitszeichen: =

Die Leserin/der Leser sollte sich nun vor Augen führen, was die einzelnen Axiome von Q besagen. Das erste Axiom besagt z. B., dass für alle natürlichen Zahlen n gilt, dass $n + 1$ verschieden von 0 ist, d. h., dass 0 kein *Nachfolger* ist. Das zweite Axiom von Q besagt, dass zwei Zahlen, deren Nachfolger gleich sind, selbst gleich sind. Es läßt sich aber (wie sich z. B. mit Hilfe der in Problem 3.1.5 eingeführten Ordinalzahlen nachweisen lässt) *nicht* in Q beweisen, dass jede Zahl, die verschieden von der Null ist, ein Nachfolger ist. (Siehe Problem 4.3.3.) Hierzu benötigen wir das Induktionsaxiom.

Das *Induktionsaxiom* besagt, dass $\mathbb{N}$ die einzige Menge natürlicher Zahlen ist, die die Null enthält und mit jedem n auch $n + 1$. Wenn wir versuchen, diese Aussage mit den sprachlichen Mitteln zu formulieren, die Q zur Verfügung stellt, dann scheitert dies daran, dass diese Sprache zwar Variablen n, m, p, ... für natürliche Zahlen, nicht aber Variablen für *Mengen* natürlicher Zahlen bereitstellt. Nun, dem ist leicht Abhilfe zu verschaffen. Wir wollen die Sprache von Q zu einer Sprache erweitern, die zusätzlich Variablen X, Y, Z, ... für Mengen natürlicher Zahlen zur Verfügung stellt. Da wir im Induktionsaxiom aber auch über *Elemente* von Mengen natürlicher Zahlen sprechen, müssen wir die Sprache weiterhin um ein zweistelliges Symbol $\in$ für „ist Element von" anreichern.

Dann können wir das Induktionsaxiom wie folgt formulieren.

$$\forall X \left((0 \in X \wedge \forall n \, (n \in X \rightarrow n + 1 \in X)) \rightarrow \forall n \, n \in X \right).$$

Mit diesem Axiom und mit Hilfe von Q können wir nun versuchen, die Aussage

$$\forall n \, (n \neq 0 \rightarrow \exists m \, n = m + 1) \, ,$$

welche logische äquivalent zu

$$\forall n \, (n = 0 \vee \exists m \, n = m + 1)$$

ist, wie folgt zu beweisen. (Hierbei steht $n \neq 0$ natürlich für $\neg \, n = 0$.)

Zu zeigen ist, dass die Menge

$$X = \{n \in \mathbb{N}\colon n = 0 \vee \exists m\; n = m + 1\}$$

gleich $\mathbb{N}$ ist. Es gilt sicherlich $0 \in X$. Sei nun $n \in \mathbb{N}$ beliebig
mit $n \in X$. Dann gilt auch $n+1 \in X$, bezeugt durch $m = n$.
Also gilt

$$0 \in X \wedge \forall n(n \in X \to n + 1 \in X)\,.$$

Auf Grund des Induktionsaxioms gilt also

$$\forall n\; n \in X\,,$$

und damit $\forall n(n \neq 0 \to \exists m\; n = m + 1)$, wie gewünscht.
Diese Argumentation ist nicht falsch, allerdings wird bei
näherem Hinsehen klar, dass wir dabei etwas benutzen,
das uns nicht durch das Induktionsaxiom plus Q geliefert
wird, nämlich dass wir das Induktionsaxiom auf die Menge
$X = \{n \in \mathbb{N}\colon n = 0 \vee \exists m\; n = m + 1\}$ anwenden können.
Mit anderen Worten, außer dem Induktionsaxiom und Q
benötigen wir ein *Mengenexistenzaxiom* nämlich

$$\exists X \forall n(n \in X \leftrightarrow (n = 0 \vee \exists m\; n = m + 1))\,,$$

welches uns liefert, dass $\{n \in \mathbb{N}\colon n = 0 \vee \exists m\; n = m + 1\}$
tatsächlich eine Menge ist, so dass das Induktionsaxiom auf
diese Menge spezialisiert werden darf.
Aus allgemeiner Sicht würde man die Variablen $n, m, p, \ldots$
(nämlich die Variablen für natürliche Zahlen) als Variablen
erster Stufe bezeichnen und die Variablen $X, Y, Z, \ldots$ (nämlich die Variablen für Mengen natürlicher Zahlen) als Va-

riablen *zweiter Stufe*. Einer derartigen Situation werden wir im Abschnitt 2.3 bei der Axiomatisierung von $\mathbb{R}$ wieder begegnen, wo man auch geneigt ist, Variablen erster Stufe (nämlich Variablen für reelle Zahlen) und Variablen zweiter Stufe (nämlich Variablen für Mengen reeller Zahlen) einzuführen. Der Preis, der für die Einführung von Variablen zweiter Stufe zu zahlen ist, ist allerdings, dass dann Mengenexistenzaxiome erforderlich sind, die nicht benötigt werden, wenn in der Sprache nur Variablen erster Stufe (nämlich Variablen für Elemente des Bereichs, über den man gerade spricht, nicht für Mengen derartiger Elemente) verwendet werden. In der Zahlentheorie lassen sich Variablen zweiter Stufe plus Mengenexistenzaxiome dadurch vermeiden, dass anstelle eines Induktionsaxioms eine unendliche Menge von Induktionsaxiomen (das „Induktionsschema") angegeben wird.

Um etwa den obigen Beweis laufen zu lassen, genügt es, das Induktionsaxiom für den Fall

$$X = \{n \in \mathbb{N}\colon n = 0 \vee \exists m\; n = m + 1\}$$

als gültig vorauszusetzen.

Sei $\varphi(n)$ die Formel $n = 0 \vee \exists m\; n = m + 1$. Dann lautet die für das obige Argument benötigte Aussage

$$(\varphi(0) \wedge \forall n(\varphi(n) \to \varphi(n+1))) \to \forall n \varphi(n)\,.$$

Das *Induktionsschema* lautet nun einfach wie folgt. Für jede Formel $\varphi(n, m_1, \ldots, m_k)$ der Sprache von Q, in der die

Variablen $n, m_1, \ldots, m_k$ vorkommen, ist

$$(Ind)_\varphi \quad \forall m_1 \ldots \forall m_k ((\varphi(0, m_1, \ldots, m_k) \wedge$$
$$\forall n(\varphi(n, m_1, \ldots, m_k) \to \varphi(n+1, m_1, \ldots, m_k)))$$
$$\to \forall n \varphi(n, m_1, \ldots, m_k))$$

das *zu φ gehörige Induktionsaxiom*. Das *Induktionsschema* ist die (unendliche) Menge aller $(Ind)_\varphi$, wobei φ eine Formel der Sprache von Q ist. (Der Begriff der *Formel* der Sprache von Q wird in Abschnitt 4.1 präzisiert werden; eine Formel ist eine Aussage, die mit den sprachlichen Mitteln, die Q zur Verfügung stellt, hingeschrieben werden kann.) Wir bezeichnen Q plus dem Induktionsschema als PEANO-*Arithmetik*, kurz: PA, da sie auf G. PEANO zurückgeht. In PA können wir beispielsweise die Assoziativität von + wie folgt beweisen.

1.2.1   **Satz 1.2.1 (PA)** $\forall n \forall m \forall q \ (m+q) + n = m + (q+n)$.

Beweis: Wir zeigen zunächst

$(\ast) \quad \forall m \forall q \ (m+q) + 0 = m + (q+0)$

mit Hilfe von zweimaliger Anwendung von $(Q3)$ wie folgt: Seien m und q beliebig, dann ist $(m+q) + 0 = m + q = m + (q+0)$. Sodann zeigen wir

$(\ast\ast) \quad \forall n(\forall m \forall q \ (m+q) + n = m + (q+n)$
$\qquad\qquad \to \forall m \forall q \ (m+q) + (n+1) = m + (q + (n+1)))$

wie folgt: Seien n, m und q beliebig, und werde $(m+q)+n = m + (q + n)$ vorausgesetzt. Dann ist $(m + q) + (n + 1) = ((m + q) + n) + 1$ wegen $(Q4)$, welches nach Voraussetzung gleich $(m + (q + n)) + 1$, ist, welches nach $(Q4)$ wiederum gleich $m + ((q + n) + 1)$, also nochmals nach $(Q4)$ gleich $m + (q + (n + 1))$ ist.

Aus $(*)$ und $(**)$ folgt aber nun mit Hilfe von

$$(Ind)_{\forall m \forall q \ (m+q)+n=m+(q+n)}$$

sofort die zu beweisende Aussage $\forall n \forall m \forall q \ (m + q) + n = m + (q + n)$. $\qquad\qquad\square$

Die Kommutativität von $+$ beweist sich in PA nun mit Hilfe von Satz 1.2.1 wie folgt.

Satz 1.2.2 (PA) $\forall n \forall m \ n + m = m + n$.   1.2.2

Beweis: Wir zeigen zunächst

$(*)'$ $\forall m \ 0 + m = m + 0$.

Es gilt nämlich $0 + 0 = 0 + 0$. Außerdem folgt aus $0 + m = m + 0$ und mit Hilfe von $(Q4)$, dass $0 + (m + 1) = (0 + m) + 1 = (m + 0) + 1$, welches wegen $(Q3)$ gleich $m + 1 = (m + 1) + 0$ ist. $(Ind)_{0+m=m+0}$ liefert dann $(*)'$.

Sodann zeigen wir

$(**)'$ $\forall m \ 1 + m = m + 1$.

Es gilt nämlich $1 + 0 = 0 + 1$ wegen $(*)'$. Aus $1 + m = m + 1$ folgt aber mit Hilfe von $(Q4)$, dass $1 + (m+1) = (1+m) + 1 = (m+1) + 1$. Aufgrund von $(Ind)_{1+m=m+1}$ ergibt sich dann $(**)'$.

Schließlich zeigen wir

$(* * *)'$ $\forall n (\forall m \ n + m = m + n$
$\quad\quad\quad \to \forall m \ (n + 1) + m = m + (n + 1)).$

Sei n beliebig, und sei $\forall m \ n + m = m + n$ vorausgesetzt. Dann gilt für beliebiges m, dass $(n + 1) + m = n + (1 + m)$ wegen Satz 1.2.1, welches wegen $(**)'$ gleich $n + (m + 1)$, also mit Hilfe von $(Q4)$ gleich $(n + m) + 1$ und damit nach Voraussetzung gleich $(m + n) + 1$ ist. Abermalige Anwendung von $(Q4)$ liefert schließlich, dass $(n + 1) + m$ gleich $m + (n + 1)$ ist.

Aus $(*)'$ und $(* * *)'$ folgt aber mit Hilfe des Induktionsaxioms $(Ind)_{\forall m(n+m=m+n)}$ sofort $\forall n \forall m \ n + m = m + n$.
$\quad\quad\quad\quad\quad\quad\quad\quad\quad\quad\quad\quad\quad\quad\quad\quad\quad \Box$

Es stellt sich heraus, dass in PA alle üblichen Rechenregeln und Gesetze für die natürlichen Zahlen bewiesen werden können ebenso wie viele Theoreme der Zahlentheorie.

In PA lässt sich auch zeigen, dass $<$ eine (strikte) lineare Ordnung auf $\mathbb{N}$ ist im folgenden Sinne (siehe Problem 1.2.2).

Definition 1.2.1 Sei A eine beliebige Menge. Eine zweistel-   1.2.1
lige Relation $<$ auf A ist eine *(strikte) lineare Ordnung auf*
A gdw. gilt:

(Antireflexivität)	$x < x$ gilt für kein $x \in A$,
(Vergleichbarkeit)	$x < y$ oder $x = y$ oder $y < x$ für alle $x, y \in A$, und
(Transitivität)	für alle x, y, $z \in A$ folgt aus $x < y$ und $y < z$, dass $x < z$. $\square$

Wenn $<$ eine strikte lineare Ordnung auf A ist dann schreiben wir für $x, y \in A$ auch $x \leq y$ anstelle von $x < y \lor x = y$.
Gibt es überhaupt wahre Aussagen über die natürlichen
Zahlen, die in der Sprache von Q formuliert werden können
und die in PA nicht beweisbar sind? Diese Frage führt
zum GÖDELschen Unvollständigkeitssatz. Eine Version des
Unvollständigkeitssatzes kann aus dem Kompaktheitssatz
4.2.7 abgeleitet werden, der im letzten Kapitel bewiesen
wird. Wir beweisen eine solche Version in Abschnitt 4.4,
siehe Satz 4.4.1.

Problem 1.2.1 Beweisen Sie die folgenden Aussagen aus den   1.2.1
Axiomen der Peano-Arithmetik.

(a) (Assoziativität von $\cdot$) $\forall n \ \forall m \ \forall k \ (n \cdot m) \cdot k = n \cdot (m \cdot k)$.
(b) (Kommutativität von $\cdot$) $\forall n \ \forall m \ n \cdot m = m \cdot n$.
(c) (Distributivität) $\forall n \ \forall m \ \forall k \ n \cdot (m + k) = (n \cdot m) + (n \cdot k)$.
(d) $\forall n \ \forall m \ \forall k \ n^{m+k} = n^m \cdot n^k$.
(e) $\forall n \ \forall m \ \forall k \ n^{m \cdot k} = (n^m)^k$.

1.2.2   **Problem 1.2.2** Beweisen Sie die folgenden Aussagen aus den Axiomen der Peano-Arithmetik.

(a) $\forall n \; \neg n < n$.
(b) $\forall n \; \forall m \; \forall k \; ((n < m \land m < k) \to n < k)$.
(c) (Monotonie) $\forall n \; \forall m \; \forall k \; (n < m \leftrightarrow n + k < m + k)$.

1.2.3   **Problem 1.2.3** Beweisen Sie die folgenden Aussagen aus den Axiomen der Peano-Arithmetik.

(a) $\forall n \; \forall m \; (n + m = n \leftrightarrow m = 0)$.
(b) $\forall n \; \forall m \; \neg(n + m < n)$.
(c) $\forall n \; \forall m \; (n < m \leftrightarrow \exists k \; (k \neq 0 \land n + k = m))$.

1.2.4   **Problem 1.2.4** Beweisen Sie die folgenden Aussage aus den Axiomen der Peano-Arithmetik.

$$\forall m_1 \dots \forall m_k (\exists n \varphi(n, m_1, \dots, m_k)$$
$$\to (\exists n (\varphi(n, m_1, \dots, m_k)$$
$$\land \forall n' (n' < n \to \neg\varphi(n', m_1, \dots, m_k)))))) \, .$$

Hierbei ist φ eine beliebige Formel der Sprache von PA.

Kapitel 2

Reelle Zahlen

2

2   **Reelle Zahlen**

2

2 Reelle Zahlen

Die griechische Mathematik hatte die reellen Zahlen zwar eigentlich entdeckt, es wurde aber nicht mit ihnen gerechnet bzw. ihre Theorie entwickelt. Dies wurde erst in der Neuzeit vollzogen. Seit dem 17. Jahrhundert und der Herausarbeitung der Analysis durch NEWTON und LEIBNIZ sind die reellen Zahlen nicht mehr aus der Mathematik wegzudenken.

2.1 Die Konstruktion der ganzen und rationalen Zahlen

2.1

Die reellen Zahlen lassen sich mit Hilfe einfacher mengentheoretischer Konstruktionen aus den natürlichen Zahlen gewinnen. Wir benötigen hierfür lediglich geordnete Paare, Äquivalenzrelationen und Folgen. Wir gehen dabei in drei Schritten vor: wir konstruieren zuerst die Menge $\mathbb{Z}$ der ganzen Zahlen, sodann die Menge $\mathbb{Q}$ der rationalen Zahlen und schließlich die Menge $\mathbb{R}$ der reellen Zahlen.

Definition 2.1.1 Sei A eine beliebige Menge. Eine zweistellige Relation R auf A ist eine *Äquivalenzrelation* gdw. gilt:

2.1.1

(*Reflexivität*) xRx für alle $x \in A$,
(*Symmetrie*) $xRy \implies yRx$ für alle $x, y \in A$, und
(*Transitivität*) $xRy \wedge yRz \implies xRz$ für alle $x, y, z \in A$.

(Wir schreiben hier und im Folgenden „$\implies$" für das umgangssprachliche „wenn, dann", und wir werden „$\iff$"

für das umgangssprachliche „genau dann, wenn" („gdw.")
schreiben.)

Wenn R eine Äquivalenzrelation auf A ist, dann heißt für
$x \in A$ die Menge $[x]_R = \{y \in A \colon yRx\}$ die $(R\text{-})\ddot{A}qui$-
valenzklasse von x. Jedes $y \in [x]_R$ (d. h. yRx) heißt ein
Repräsentant der Äquivalenzklasse von x.   □

In der Situation von Definition 2.1.1 gilt $y \in [x]_R$ gdw. yRx
gdw. $[x]_R = [y]_R$ für alle x, $y \in A$.

Wir können $\mathbb{Z}$ als Menge von Äquivalenzklassen von Paaren
natürlicher Zahlen wie folgt konstruieren. Der Begriff des
geordneten Paares wird in 3.1 genauer analysiert werden.
Für beliebige Objekte x, y soll es das geordnete Paar (x, y)
von x und y geben, so dass für alle x, y, x', y' gilt:

$$(x, y) = (x', y') \implies x = x' \wedge y = y'.$$

Seien nun also (n, m) und (r, s) geordnete Paare natürlicher
Zahlen. Wir identifizieren (n, m) mit (r, s) gdw. die Differenz von n und m gleich der Differenz von r und s ist, d. h.
wir definieren eine zweistellige Relation R durch

$$(n, m)R(r, s) \iff n + s = r + m.$$

Offensichtlich ist R eine Äquivalenzrelation. Wir schreiben

$$[n, m] = \{(r, s) \colon (r, s)R(n, m)\}$$

für die R-Äquivalenzklasse von (n, m). Für $n \geq m$ ist
$(n, m) = (n - m, 0)$, und für $n \leq m$ ist $(n, m) = (0, m - n)$,

wodurch die nach links und rechts unendliche „Folge"

$$\ldots, [0,2], [0,1], [0,0], [1,0], [2,0], \ldots$$

sämtliche R-Äquivalenzklassen durchläuft. Unsere Vorstellung ist, dass $[n,0]$ für die ganze Zahl $+n$ und $[0,n]$ für die ganze Zahl $-n$ steht. Die Menge aller R-Äquivalenzklassen bezeichnen wir mit $\mathbb{Z}$ und nennen sie die Menge der *ganzen Zahlen*.

Wir schreiben

$$[n,m] < [r,s] \iff n + s < r + m \,.$$

Dies ist wohldefiniert, da die definierende Tatsache $n + s < r + m$ nicht von der Wahl der Repräsentanten der Äquivalenzklassen $[n,m]$ und $[r,s]$ abhängt (siehe Problem 2.1.3 (a)). wodurch $<$ eine strikte lineare Ordnung auf $\mathbb{Z}$ ist. Wir können mit unseren ganzen Zahlen auch in gewohnter Weise rechnen. Hierzu definieren wir die Addition auf $\mathbb{Z}$ durch

$$[n,m] + [r,s] = [n+r, m+s] \,.$$

(Siehe Problem 2.1.3 (b).) Man sieht leicht, dass $+$ assoziativ und kommutativ auf $\mathbb{Z}$ ist. Darüberhinaus gilt

$$[n,m] + [0,0] = [n,m]$$

und

$$[n,m] + [m,n] = [0,0] \,.$$

Somit ist $\mathbb{Z}$ bezüglich $+$ eine abelsche Gruppe. Bis auf Isomorphie ist $\mathbb{Z}$ *die* unendliche zyklische Gruppe. (Vgl. [1], [18], oder auch [5, Abschnitt 1.2].) Die Menge $\mathbb{N}$ ist in natürlicher Weise in $\mathbb{Z}$ enthalten, indem wir n mit $[n, 0]$ identifizieren.

In der angegebenen Art lässt sich übrigens aus einer beliebigen Halbgruppe H eine Gruppe G mit $H \subset G$ konstruieren. (Siehe [1].)

Wir definieren weiterhin die Multiplikation auf $\mathbb{Z}$ durch

$$[n, m] \cdot [r, s] = [n \cdot r + m \cdot s, n \cdot s + m \cdot r] \, .$$

(Siehe Problem 2.1.3 (c).) Dann gilt

$$[n, m] \cdot [1, 0] = [n, m] \, ,$$

aber $[1, 0]$ und $[0, 1]$ sind die einzigen ganzen Zahlen $[n, m]$, für die $[r, s] \in \mathbb{Z}$ mit

$$[n, m] \cdot [r, s] = [1, 0]$$

existiert.

Wir schreiben von nun an $+n$ (gleich $-(-n)$, oder einfach n) für die ganze Zahl $[n, 0]$ und $-n$ für die ganze Zahl $[0, n]$.

Wir konstruieren nun $\mathbb{Q}$ als Menge von Äquivalenzklassen von Paaren gewisser ganzer Zahlen wie folgt.

Seien (n, m) und (r, s) geordnete Paare ganzer Zahlen, wobei $m \neq 0 \neq s$. Wir identifizieren (n, m) mit (r, s) gdw. der Quotient aus n und m gleich dem Quotienten aus r und s ist, d. h. wir definieren eine zweistellige Relation S durch

$$(n, m)S(r, s) \iff n \cdot s = r \cdot m \, .$$

Offensichtlich ist S eine Äquivalenzrelation auf der Menge
aller Paare ganzer Zahlen, deren zweite Komponente nicht
0 ist. (Würden wir als zweite Komponente die 0 zulassen,
so wäre S nicht transitiv, da dann für alle (n, m) gelten
würde, dass $(n, m)S(0, 0)$, aber z. B. gilt $(1, 2)S(1, 3)$ nicht.
Die Division durch 0 ist also nicht möglich!)
Für $n, m \in \mathbb{Z}, m \neq 0$, schreiben wir

$$\langle n, m \rangle = \{(r, s) \colon r, s \in \mathbb{Z}, s \neq 0, (r, s)S(n, m)\}$$

für die S-Äquivalenzklasse von (n, m). Unsere Vorstellung
ist, dass $\langle n, m \rangle$ für die rationale Zahl $\frac{n}{m}$ steht. Die Menge
aller S-Äquivalenzklassen bezeichnen wir mit $\mathbb{Q}$ und nennen sie die Menge der *rationalen Zahlen*. $\mathbb{Z}$ ist in natürlicher
Weise in $\mathbb{Q}$ enthalten, indem wir $n \in \mathbb{Z}$ mit $\langle n, 1 \rangle$ identifizieren.
Zu beliebigen $r, s \in \mathbb{Z}$ mit $s \neq 0$ existieren offenbar $r', s' \in$
$\mathbb{Z}$ mit $s' > 0$ und $(r, s)S(r', s')$. (Falls $s < 0$, dann setze
$r' = -r$ und $s' = -s$.) Für $n, m, r, s \in \mathbb{Z}$ mit $m > 0$ und
$s > 0$ schreiben wir

$$\langle n, m \rangle < \langle r, s \rangle \quad \Leftrightarrow \quad n \cdot s < r \cdot m \,,$$

(siehe Problem 2.1.3) wodurch $<$ eine strikte lineare Ordnung auf $\mathbb{Q}$ ist. Wir können mit unseren rationalen Zahlen
wieder in gewohnter Weise rechnen.
Wir definieren die Addition auf $\mathbb{Q}$ durch

$$\langle n, m \rangle + \langle r, s \rangle = \langle n \cdot s + r \cdot m, m \cdot s \rangle \,.$$

(Siehe Problem 2.1.3.) Wieder ist $+$ assoziativ und kommutativ auf $\mathbb{Q}$. Es gilt

$$\langle n, m \rangle + \langle 0, 1 \rangle = \langle n, m \rangle$$

und

$$\langle n, m \rangle + \langle -n, m \rangle = \langle 0, 1 \rangle .$$

Somit ist $\mathbb{Q}$ bezüglich $+$ eine abelsche Gruppe. Wir definieren die Multiplikation auf $\mathbb{Q}$ durch

$$\langle n, m \rangle \cdot \langle r, s \rangle = \langle n \cdot r, m \cdot s \rangle .$$

(Siehe Problem 2.1.3.) Man sieht leicht, dass $\cdot$ assoziativ und kommutativ auf $\mathbb{Q}$ ist. Außerdem gilt

$$\langle n, m \rangle \cdot \langle 0, 1 \rangle = \langle 0, 1 \rangle$$

und

$$\langle n, m \rangle \cdot \langle 1, 1 \rangle = \langle n, m \rangle$$

für alle $n, m \in \mathbb{Z}$ mit $m \neq 0$, und es gilt

$$\langle n, m \rangle \cdot \langle m, n \rangle = \langle 1, 1 \rangle$$

für alle $n, m \in \mathbb{Z}$ mit $n \neq 0 \neq m$. Somit ist $\mathbb{Q} \setminus \{\langle 0, 1 \rangle\}$ bezüglich $\cdot$ eine abelsche Gruppe.

Wir schreiben von nun an $\frac{n}{m}$ für die rationale Zahl $\langle n, m \rangle$, wobei $n, m \in \mathbb{Z}, m \neq 0$. Weiters benutzen wir im folgenden die üblichen Schreibweisen wie $\frac{n}{m} - \frac{r}{s}$ für $\frac{n}{m} + \frac{-r}{s}$, usw.

Der *Betrag* $|x| = |\frac{n}{m}|$ einer rationalen Zahl $x = \frac{n}{m}$ werde wie folgt definiert. Es sei, für $n, m \in \mathbb{Z}$ mit $m \neq 0 \neq n$, $|\frac{n}{m}|$

derjenige der beiden Werte $\frac{n}{m}$ und $\frac{-n}{m}$, welcher $> 0 = \frac{0}{1}$ ist; und es sei $|\frac{0}{m}|$ für $m \neq 0$ immer gleich $0 = \frac{0}{1}$.

Satz 2.1.2   Sowohl $\mathbb{Z}$ als auch $\mathbb{Q}$ sind abzählbare Mengen.   **2.1.2**

Beweis: Im Falle von $\mathbb{Z}$ lässt sich eine Bijektion $f \colon \mathbb{N} \to \mathbb{Z}$ wie folgt angeben. Es sei $f(2n) = n$ und $f(2n+1) = -n$. Im Falle von $\mathbb{Q}$ ist es etwas trickreicher, eine Bijektion $g \colon \mathbb{N} \to \mathbb{Q}$ anzugeben, welches wir wie folgt leisten.

Sei $(p_m \colon m \in \mathbb{N})$ die natürliche Aufzählung aller Primzahlen (siehe Problem 1.1.11), d. h. $p_0 = 2$, $p_1 = 3$, $p_2 = 5$, $p_4 = 7, \ldots$ Sei, für $m \in \mathbb{N}$, P_m die Menge aller $n \in \mathbb{N}, n \geq 2$, so dass p_m die kleinste Primzahl ist, die n teilt. (Z. B. ist $P_1 = \{3, 9, 15, \ldots\}$.) Weiter sei für $m \in \mathbb{N}, m \geq 1$, T_m die Menge aller $n \in \mathbb{N}, n \geq 1$, so dass 1 der größte gemeinsame Teiler von m und n ist. (Z. B. ist $T_3 = \{1, 2, 4, 5, \ldots\}$.)

Betrachten wir zunächst die Menge $\mathbb{Q}^+$ der positiven rationalen Zahlen. Jedes Element von $\mathbb{Q}^+$ lässt sich eindeutig als „gekürzter Bruch" $\frac{n}{m}$ darstellen, wobei $m \geq 1$ und $n \in T_m$. (Siehe Problem 2.1.5.) Wir können nun eine Bijektion $\varphi \colon \mathbb{Q}^+ \to \mathbb{N}$ folgendermaßen angeben. Sei $\frac{r}{s} \in \mathbb{Q}^+$ gegeben, und sei $\frac{n}{m}$ die eindeutige gekürzte Darstellung von $\frac{r}{s}$, d. h. $\frac{n}{m} = \frac{r}{s}, m \geq 1$ und $n \in T_m$. Wir setzen dann

$$\varphi(\frac{r}{s}) = f_{P_{m-1}}(f_{T_m}^{-1}(n)) - 2 \,.$$

Hierbei sind $f_{T_m} \colon \mathbb{N} \to T_m$ und $f_{P_{m-1}} \colon \mathbb{N} \to P_{m-1}$ die „natürlichen Aufzählungen" von T_m und P_{m-1} wie in Abschnitt 1.1. Wenn also n das k^{te} Element von T_m ist, dann ordnen wir $\frac{r}{s} = \frac{n}{m}$ dem k^{ten} Element von P_{m-1} zu. Dabei subtrahieren wir 2, um die Zahlen 0 und 1 ebenfalls in den Wertebereich von φ zu bekommen. Da $\mathbb{N} \setminus \{0,1\}$ die disjunkte Vereinigung aller $P_m, m \in \mathbb{N}$, ist, und da sowohl $f_{T_m}: \mathbb{N} \rightarrow T_m$ als auch $f_{P_m}: \mathbb{N} \rightarrow P_m$ bijektiv sind, ist leicht zu verifizieren, dass die so definierte Abbildung $\varphi: \mathbb{Q}^+ \rightarrow \mathbb{N}$ bijektiv ist.

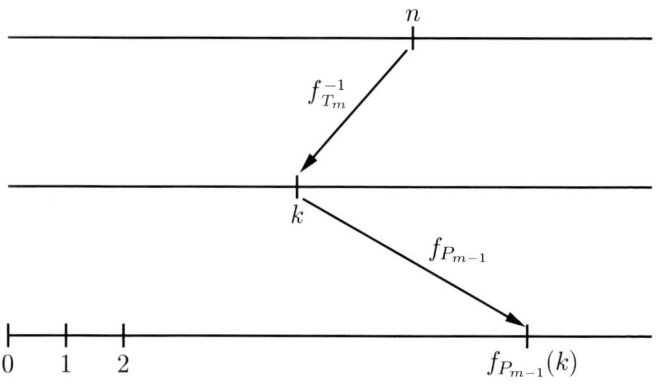

Wir erhalten in derselben Weise eine bijektive Abbildung $\psi: \mathbb{Q}^- \rightarrow \mathbb{N}$ der Menge der negativen rationalen Zahlen auf $\mathbb{N}$.

Schließlich können wir eine Bijektion $g: \mathbb{N} \rightarrow \mathbb{Q}$ definieren, indem wir setzen: $g(0) = \frac{0}{1}, g(2n+1) = \varphi^{-1}(n)$ und $g(2n+2) = \psi^{-1}(n)$ für $n \in \mathbb{N}$. $\qquad\square$

Die im Beweis von Satz 2.1.2 definierte Bijektion $g\colon \mathbb{N} \to \mathbb{Q}$ respektiert natürlich in keinster Weise die natürlichen Ordnungen auf $\mathbb{N}$ bzw. $\mathbb{Q}$. Eine Bijektion, die diese Ordnung respektieren würde, d. h. einen Ordnungsisomorphismus von $\mathbb{N}$ und $\mathbb{Q}$, kann es auch gar nicht geben. Im Unterschied zu $\mathbb{N}$ ist $\mathbb{Q}$, zusammen mit $<$, nämlich „dicht" im folgenden Sinne.

Sei $<$ eine strikte lineare Ordnung auf einer Menge A. Dann heißt $<$ *dicht* gdw. für alle $x, y \in A$ mit $x < y$ ein $z \in A$ existiert mit $x < z$ und $z < y$. Die natürliche Ordnung $<$ auf $\mathbb{Q}$ ist dicht in diesem Sinne, da für $\frac{m}{n}, \frac{r}{s} \in \mathbb{Q}$ mit $\frac{m}{n} < \frac{r}{s}$ die rationale Zahl $\frac{m \cdot s + r \cdot n}{2 \cdot n \cdot s}$ (das „arithmetische Mittel" von $\frac{m}{n}$ und $\frac{r}{s}$) echt zwischen $\frac{m}{n}$ und $\frac{r}{s}$ liegt.

Ein $x \in A$ heißt ein *Endpunkt* von $<$ gdw. entweder $x \le y$ für alle $y \in A$ oder $y \le x$ für alle $y \in A$ gilt. Man kann zeigen, dass $\mathbb{Q}$ zusammen mit $<$ bis auf Isomorphie die einzige dichte lineare Ordnung auf einer abzählbaren Menge ist, die keine Endpunkte besitzt, vgl. Problem 2.1.8.

Problem 2.1.1 $^\circ$ Sei R eine Äquivalenzrelation auf A. Zeigen Sie: xRy gilt nicht gdw. $[x]_R \cap [y]_R = \emptyset$.

2.1.1

Problem 2.1.2 $^\circ$ Zeigen Sie, dass die in diesem Abschnitt definierten Relationen R und S beide Äquivalenzrelationen sind.

2.1.2

Problem 2.1.3 Zeigen Sie, dass die oben definierte Relationen $<$ und die Operationen $+$ und $\cdot$ auf $\mathbb{Z}$ wohldefiniert sind, d. h. dass für n, m, r, s, n', m', r', $s' \in \mathbb{N}$ mit $(n, m)R(n', m')$ und $(r, s)R(r', s')$ immer gilt:

2.1.3

(a) $n + s < r + m$ gdw. $n' + s' < r' + m'$,

(b) $(n + r, m + s) R (n' + r', m' + s')$, und

(c) $(n \cdot r + m \cdot s, n \cdot s + m \cdot r) R (n' \cdot r' + m' \cdot s', n' \cdot s' + m' \cdot r')$.

Formulieren und beweisen Sie analoge Aussagen auch für $\mathbb{Q}$, S und die Relation $<$ und die Operationen $+$ und $\cdot$ auf $\mathbb{Q}$.

Zeigen Sie auch, dass $<$ eine lineare Ordnung sowohl auf $\mathbb{Z}$ als auch auf $\mathbb{Q}$ ist.

2.1.4   **Problem 2.1.4** Zeigen Sie unter Benutzung der Tatsache, dass $+$ und $\cdot$ kommutativ und assoziativ auf $\mathbb{N}$ sind, d. h. dass die Aussagen der Sätze 1.2.1 und 1.2.2 und von Problem 1.2.1 (a) und (b) gelten, dass $+$ und $\cdot$ kommutativ und assoziativ sowohl auf $\mathbb{Z}$ als auch auf $\mathbb{Q}$ sind, d. h. dass gilt:

(a) für alle n, m, $p \in \mathbb{Z}$ gilt

$n + m = m + n$,

$n \cdot m = m \cdot n$,

$n + (m + p) = (n + m) + p$ und

$n \cdot (m \cdot p) = (n \cdot m) \cdot p$.

(b) für alle p, q, $r \in \mathbb{Q}$ gilt

$p + q = q + p$,

$p \cdot q = q \cdot p$,

$p + (q + r) = (p + q) + r$ und

$p \cdot (q \cdot r) = (p \cdot q) \cdot r$.

Problem 2.1.5   Zeigen Sie: Für alle $p \in \mathbb{Q}$, $p > 0$, existieren   **2.1.5**
eindeutige $n, m \in \mathbb{N}\setminus\{0\}$ mit $p = \frac{n}{m}$, so dass n und m *teilerfremd*
sind, d. h. 1 ist die einzige natürliche Zahl r, so dass $n', m' \in \mathbb{N}$
mit $n' \cdot r = n$ und $m' \cdot r = m$ existieren.

Problem 2.1.6   Zeigen Sie, dass $\mathbb{Q}$ „archimedisch" ist im folgen-   **2.1.6**
den Sinne: für alle $q \in \mathbb{Q}$ existiert ein $n \in \mathbb{N}$ mit $q < n$.

Problem 2.1.7   Zeigen Sie die Gültigkeit der *Dreiecksunglei-*   **2.1.7**
chung für $\mathbb{Q}$:

(a)   Für alle $p, q \in \mathbb{Q}$ gilt $|p + q| \leq |p| + |q|$.

Benutzen Sie diese Aussage, um durch Induktion (nach n) zu
zeigen:

(b)   Für alle $p_1, \ldots, p_n \in \mathbb{Q}$ gilt
$|x_1 - x_n| \leq |x_1 - x_2| + |x_2 - x_3| + \cdots + |x_{n-1} - x_n|$.

Problem 2.1.8 *   Seien A und B abzählbar, und seien $<_A$ und   **2.1.8**
$<_B$ dichte lineare Ordnungen ohne Endpunkte auf A bzw. B.
Dann sind $<_A$ und $<_B$ isomorph, d. h. es gibt eine Bijektion
$f : A \to B$ so dass für alle $x, y \in A$ gilt: $x <_A y$ gdw. $f(x) <_B$
$f(y)$. (Hinweis: Sei $A = \{a_n : n \in \mathbb{N}\}$ und $B = \{b_n : n \in \mathbb{N}\}$.
Wählen Sie rekursiv $i(n)$ und $j(n)$, so dass für $n \in \mathbb{N}$ die durch
$f(a_k) = b_{i(k)}$ und $f(a_{j(k)}) = b_k$ für $k < n$ gegebene Abbildung
jeweils die Ordnungen $<_A$ und $<_B$ respektieren.)

2.2 Die Konstruktion der reellen Zahlen

Wir wenden uns nun der Konstruktion der reellen Zahlen zu. Diese können wir als Äquivalenzklassen gewisser Folgen rationaler Zahlen gewinnen.

Eine *rationale Folge* ist eine (beliebige) Abbildung $x\colon \mathbb{N} \to \mathbb{Q}$. Wir schreiben dabei auch x_n anstelle von $x(n)$ und $(x_n\colon n \in \mathbb{N})$ anstelle von x.

Definition 2.2.1 Eine rationale Folge $(x_n\colon n \in \mathbb{N})$ heißt *Cauchy-Folge* gdw. für alle (rationalen) $\varepsilon > 0$ ein $n_0 \in \mathbb{N}$ existiert, so dass für alle $n, m \geq n_0$ gilt.

$$|x_m - x_n| < \varepsilon \,. \qquad \square$$

Eine rationale Folge $(x_n\colon n \in \mathbb{N})$ heißt *Nullfolge* gdw. für alle (rationalen) $\varepsilon > 0$ ein $n_0 \in \mathbb{N}$ existiert, so dass für alle $n \geq n_0$ gilt: $|x_n| < \varepsilon$. Beispielsweise ist die Folge $(\frac{1}{n+1}\colon n \in \mathbb{N})$ eine Nullfolge. Sei nämlich $\varepsilon = \frac{r}{s} > 0$, wobei etwa $r, s \in \mathbb{N}, r \neq 0 \neq s$. Setze $n_0 = s$, dann gilt für alle $n \geq n_0\colon s < n_0 + 1 \leq n + 1 \leq r \cdot (n + 1)$, also $\frac{1}{n+1} < \frac{r}{s}$.

Jede Nullfolge ist eine Cauchy-Folge. Sei nämlich $(x_n\colon n \in \mathbb{N})$ Nullfolge. Sei $\varepsilon > 0$, und sei $n_0 \in \mathbb{N}$ so, dass für alle $n \geq n_0$ gilt: $|x_n| < \frac{1}{2} \cdot \varepsilon$. Dann gilt für alle $n, m \geq n_0$

$$|x_m - x_n| \leq |x_m| + |x_n| < \tfrac{1}{2}\varepsilon + \tfrac{1}{2}\varepsilon = \varepsilon \,.$$

(Die erste Ungleichung benutzt die Dreiecksungleichung von Problem 2.1.7.)

Eine Folge $(x_n \colon n \in \mathbb{N})$ heißt *konstant* gdw. ein $x \in \mathbb{Q}$ existiert, so dass $x_n = x$ für alle $n \in \mathbb{N}$ gilt. Wir schreiben in diesem Falle auch $(x \colon n \in \mathbb{N})$ für $(x_n \colon n \in \mathbb{N})$. Die *Differenz* zweier Folgen $(x_n \colon n \in \mathbb{N})$ und $(y_n \colon n \in \mathbb{N})$ wird als Folge der punktweisen Differenzen definiert, d. h.

$$(x_n \colon n \in \mathbb{N}) - (y_n \colon n \in \mathbb{N}) = (x_n - y_n \colon n \in \mathbb{N}) \,.$$

Eine Folge $(x_n \colon n \in \mathbb{N})$ *konvergiert gegen* $x \in \mathbb{Q}$ gdw. die Differenz von $(x_n \colon n \in \mathbb{N})$ und $(x \colon n \in \mathbb{N})$ eine Nullfolge ist. In diesem Falle schreiben wir

$$x = \lim_{n \to \infty} x_n \,.$$

Wenn $(x_n \colon n \in \mathbb{N})$ gegen $x \in \mathbb{Q}$ konvergiert, dann ist $(x_n \colon n \in \mathbb{N})$ eine Cauchy-Folge. Dies ergibt sich aus dem obigen Argument für Nullfolgen, da immer

$$x_n - x_m = (x_n - x) - (x_m - x) \,.$$

Wir wollen nun sehen, dass es Cauchy-Folgen gibt, für die keine rationale Zahl existiert, gegen die diese Cauchy-Folge konvergiert. Wir schreiben im folgenden x^2 anstelle von $x \cdot x$.

Lemma 2.2.2 Es gibt kein $x \in \mathbb{Q}$ mit $x^2 = 2$. 2.2.2

Beweis: Sei $\frac{r}{s} \in \mathbb{Q}$. Sei n die kleinste positive Zahl, für die ein (eindeutiges!) $m \in \mathbb{Z}$ existiert mit $\frac{m}{n} = \frac{r}{s}$. Für diese Wahl von n und m gilt dann, dass m oder n ungerade ist. Wären nämlich beide gerade, etwa $m = 2m'$ und $n = 2n'$, dann $n' < n$ und $\frac{r}{s} = \frac{m'}{n'}$ im Widerspruch zur Wahl von n.

Wir zeigen jetzt $\left(\frac{r}{s}\right)^2 = \left(\frac{m}{n}\right)^2 \neq 2$. Angenommen, $\left(\frac{m}{n}\right)^2 = 2$, d. h. $m^2 = 2n^2$. Dann ist m gerade, da andernfalls für $m = 2m' + 1$ mit $m' \in \mathbb{Z}$ gelten müsste, dass $2n^2 = m^2 = 4(m'^2 + m') + 1$ was ein Widerspruch ist, da die linke Seite dieser Gleichung gerade und die rechte ungerade ist.

Wenn aber m gerade ist, etwa $m = 2m'$, dann folgt aus $m^2 = 2n^2$, dass $2n^2 = m^2 = 4m'^2$, also $n^2 = 2m'^2$. Eine Wiederholung des obigen Arguments liefert dann, dass auch n gerade sein muss. Damit ist sowohl m als auch n gerade. Widerspruch!   □

Derselbe Beweis zeigt, dass, falls $n \in \mathbb{N}$ keine Quadratzahl ist, kein $x \in \mathbb{Q}$ mit $x^2 = n$ existiert. (Siehe Problem 2.2.1.) Wir definieren nun einen Cauchy-Folge $(x_n : n \in \mathbb{N})$, die, würde sie gegen ein $x \in \mathbb{Q}$ konvergieren, gegen ein x mit $x^2 = 2$ konvergieren müsste.

2.2.3   **Lemma 2.2.3** Es gibt eine Cauchy-Folge $(x_n : x \in \mathbb{N})$, zu der kein $x \in \mathbb{Q}$ existiert, so dass $(x_n : n \in \mathbb{N})$ gegen x konvergiert.

Beweis: Wir konstruieren „rekursiv" zwei Cauchy-Folgen $(x_n : n \in \mathbb{N})$ und $(y_n : n \in \mathbb{N})$ wie folgt.

Wir setzen $x_0 = 0$ und $y_0 = 2$. Offensichtlich gilt $0 \leq x_0 < y_0$ und $x_0^2 < 2 < y_0^2$.

Nehmen wir nun an, die rationalen Zahlen x_n und y_n sind bereits konstruiert, so dass $0 \leq x_n < y_n$ und $x_n^2 < 2 < y_n^2$. Sei dann $z = \frac{1}{2} \cdot (y_n + x_n)$. Falls $z^2 < 2$, dann setzen wir $x_{n+1} = z$ und $y_{n+1} = y_n$; falls $z^2 > 2$, dann setzen wir

$x_{n+1} = x_n$ und $y_{n+1} = z$. (Da mit x_n und y_n auch z rational ist, kann wegen Lemma 2.2.1 nicht $z^2 = 2$ gelten.) In jedem Falle gilt für die rationalen Zahlen x_{n+1} und y_{n+1} dann wieder $0 \leq x_{n+1} < y_{n+1}$ und $x_{n+1}^2 < 2 < y_{n+1}^2$.

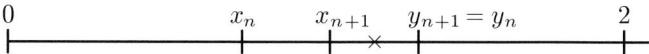

Damit sind $(x_n : n \in \mathbb{N})$ und $(y_n : n \in \mathbb{N})$ konstruiert. Durch Induktion ergibt sich, dass für alle $n \in \mathbb{N}$ gilt: $y_n - x_n = \frac{1}{2^{n-1}}$. Für $n = 0$ gilt nämlich $y_0 - x_0 = 2 = \frac{1}{2^{-1}}$, und wenn $y_n - x_n = \frac{1}{2^{n-1}}$, dann gilt $y_{n+1} - x_{n+1} = \frac{1}{2} \cdot (y_n - x_n) = \frac{1}{2} \cdot \frac{1}{2^{n-1}} = \frac{1}{2^n} = \frac{1}{2^{(n+1)-1}}$. Nach Konstruktion gilt offensichtlich auch $0 \leq x_0 \leq x_1 \leq x_2 \leq \cdots$ und $2 = y_0 \geq y_1 \geq y_2 \geq \ldots$. Sowohl $(x_n : n \in \mathbb{N})$ als auch $(y_n : n \in \mathbb{N})$ sind dann Cauchy-Folgen. Sei nämlich $\varepsilon > 0$. Sei $n_0 \in \mathbb{N}$, $n_0 > 0$, so, dass $2^{n_0 - 1} > \frac{1}{\varepsilon}$ (ein derartiges n_0 existiert, da für alle $n \in \mathbb{N}$ gilt: $2^n \geq n$). Dann gilt für alle $n, m \geq n_0 : x_{n_0} \leq x_n \leq y_{n_0}$ und $x_{n_0} \leq x_m \leq y_{n_0}$ und daher $x_m - x_n \leq y_{n_0} - x_{n_0}$ und $x_n - x_m \leq y_{n_0} - x_{n_0}$, also

$$|x_m - x_n| \leq y_{n_0} - x_{n_0} = \frac{1}{2^{n_0 - 1}} < \varepsilon .$$

Also ist $(x_n : n \in \mathbb{N})$ Cauchy-Folge. Dasselbe Argument zeigt, dass auch $(y_n : n \in \mathbb{N})$ Cauchy-Folge ist.

Angenommen nun, $(x_n : n \in \mathbb{N})$ konvergiert gegen $x \in \mathbb{Q}$. Da $x_0 \leq x_1 \leq x_2 \leq \ldots$, gilt dann $x \geq x_n$ für alle $n \in \mathbb{N}$ (wäre $x < x_n$ für ein $n \in \mathbb{N}$, dann hätten wir $|x_m - x| \geq |x_n - x|$ für alle $m \geq n$). Weiterhin würde auch $(y_n : n \in \mathbb{N})$

gegen x konvergieren. Sei nämlich $\varepsilon > 0$ und sei $n_0 \in \mathbb{N}$, $n_0 > 0$, so, dass $\frac{1}{2^{n_0-1}} < \varepsilon$. Dann gilt wegen $x \geq x_n$ für $n \geq n_0$:

$$|y_n - x| \leq y_n - x_n \leq y_{n_0} - x_{n_0} = \frac{1}{2^{n_0-1}} < \varepsilon \,.$$

Außerdem folgt aus $y_0 \geq y_1 \geq y_2 \geq \cdots$ analog zu eben, dass $x \leq y_n$ für alle $n \in \mathbb{N}$ gilt. Wir haben nun $0 \leq x_n \leq x \leq y_n$ für alle $x \in \mathbb{N}$, also auch $x_n^2 \leq x^2 \leq y_n^2$ für alle $n \in \mathbb{N}$. Sei $\varepsilon > 0$. Sei n_0 so, dass für alle $n \geq n_0$ gilt: $y_n - x_n < \frac{1}{4} \cdot \varepsilon$. Dann gilt für alle $n \geq n_0$: $2 - x_n^2 \leq y_n^2 - x_n^2 = (y_n - x_n)(y_n + x_n) \leq (y_n - x_n) \cdot 2y_n < \frac{1}{4} \cdot \varepsilon \cdot 4 = \varepsilon$, und damit $x_n^2 \geq 2 - \varepsilon$. (Die Folge $(x_n^2 : n \in \mathbb{N})$ konvergiert damit gegen 2.) Also gilt $x^2 \geq 2 - \varepsilon$ für alle $\varepsilon > 0$, woraus $x^2 \geq 2$ folgt. Völlig analog zeigt man $x^2 \leq 2$. Also gilt $x^2 = 2$. Dies ist ein Widerspruch zu Lemma 2.2.2! $\qquad\square$

Lemma 2.2.3 besagt, dass $\mathbb{Q}$ nicht vollständig ist: es gibt in $\mathbb{Q}$ verlaufende Cauchy-Folgen, die nicht in $\mathbb{Q}$ konvergieren. Wir werden nun $\mathbb{Q}$ „vervollständigen".

Wir definieren dazu zunächst eine Äquivalenzrelation auf der Menge der (rationalen) Cauchy-Folgen. Seien $(x_n : n \in \mathbb{N})$, $(y_n : n \in \mathbb{N})$ rationale Cauchy-Folgen. Wir schreiben dann

$$(x_n : n \in \mathbb{N}) E (y_n : n \in \mathbb{N}) \,,$$

falls die Differenz von $(x_n : n \in \mathbb{N})$ und $(y_n : n \in \mathbb{N})$ eine Nullfolge ist. Offensichtlich ist E reflexiv und symmetrisch. Die Transitivität von E ergibt sich folgendermaßen. Sei $(x_n : n \in \mathbb{N}) E (y_n : n \in \mathbb{N})$ und $(y_n : n \in \mathbb{N}) E (z_n : n \in \mathbb{N})$.

Sei $\varepsilon > 0$, und sei $n_0 \in \mathbb{N}$ so, dass für alle $n \geq n_0$ gilt: $|y_n - x_n| < \frac{1}{2}\varepsilon$ und $|z_n - y_n| < \frac{1}{2}\varepsilon$. Dann gilt für alle $n \geq n_0$:

$$|z_n - x_n| \leq |z_n - y_n| + |y_n - x_n| < \tfrac{1}{2}\varepsilon + \tfrac{1}{2}\varepsilon = \varepsilon$$

mit Hilfe der Dreiecksungleichung. Also ist auch die Differenz von $(x_n \colon n \in \mathbb{N})$ und $(z_n \colon n \in \mathbb{N})$ eine Nullfolge.

Wenn $(x_n \colon n \in \mathbb{N})$ eine rationale Cauchy-Folge ist, dann schreiben wir nun

$$[x_n \colon n \in \mathbb{N}] = \{(y_n \colon n \in \mathbb{N}) \colon (y_n \colon n \in \mathbb{N})E(x_n \colon n \in \mathbb{N})\}$$

für die E-Äquivalenzklasse von $(x_n \colon n \in \mathbb{N})$. Unsere Vorstellung ist, dass $[x_n \colon n \in \mathbb{N}]$ diejenige reelle Zahl ist, gegen die $(x_n \colon n \in \mathbb{N})$ konvergiert. Die Menge aller E-Äquivalenzklassen bezeichnen wir mit $\mathbb{R}$ und nennen sie die Menge der *reellen Zahlen*.

Die Menge $\mathbb{Q}$ der rationalen Zahlen ist in natürlicher Weise in der Menge $\mathbb{R}$ der reellen Zahlen enthalten, indem wir $x \in \mathbb{Q}$ mit $[x \colon n \in \mathbb{N}]$ identifizieren. Für $x \in \mathbb{Q}$ schreiben wir im Folgenden auch x anstelle von $[x \colon n \in \mathbb{N}]$.

Lemma 2.2.4 Seien $(x_n \colon n \in \mathbb{N}), (y_n \colon n \in \mathbb{N})$ rationale Cauchy-Folgen. Dann gilt genau eine der folgenden Aussagen: $\qquad$ **2.2.4**

(1) $(x_n \colon n \in \mathbb{N})E(y_n \colon n \in \mathbb{N})$

(2) es gibt ein $n_0 \in \mathbb{N}$ und ein $\varepsilon \in \mathbb{Q}, \varepsilon > 0$, so dass für alle $n \geq n_0 \colon y_n > x_n + \varepsilon$

(3) es gibt ein $n_0 \in \mathbb{N}$ und ein $\varepsilon \in \mathbb{Q}, \varepsilon > 0$, so dass für alle $n \geq n_0 \colon x_n > y_n + \varepsilon$.

Beweis: Offensichtlich schließen sich (1), (2) und (3) gegenseitig aus. Wir zeigen, dass (1) gilt, falls sowohl (2) als auch (3) falsch sind. Wenn (2) und (3) falsch sind, dann gibt es für jedes $n \in \mathbb{N}$ und für jedes $\varepsilon \in \mathbb{Q}, \varepsilon > 0$, ein $m \geq n$ mit

$$y_m \leq x_m + \varepsilon \,,$$

und für jedes $n \in \mathbb{N}$ und für jedes $\varepsilon \in \mathbb{Q}, \varepsilon > 0$, gibt es ein $m \geq n$ mit

$$x_m \leq y_m + \varepsilon \,.$$

Sei nun $\varepsilon \in \mathbb{Q}, \varepsilon > 0$. Sei $n_0 \in \mathbb{N}$ so, dass für alle $n, m \geq n_0$:

$$|x_m - x_n| < \tfrac{1}{3}\varepsilon \quad \text{und}$$
$$|y_m - y_n| < \tfrac{1}{3}\varepsilon \,.$$

Sei $m \geq n_0$, so dass $y_m \leq x_m + \tfrac{1}{3}\varepsilon$, d. h. $y_m - x_m \leq \tfrac{1}{3}\varepsilon$. Dann gilt für alle $n \geq n_0$:

$$\begin{aligned}
y_n - x_n &= y_n - y_m + y_m - x_m + x_m - x_n \\
&\leq |y_n - y_m| + y_m - x_m + |x_m - x_n| \\
&< \tfrac{1}{3}\varepsilon + \tfrac{1}{3}\varepsilon + \tfrac{1}{3}\varepsilon = \varepsilon \,.
\end{aligned}$$

Analog zeigt man, dass für alle $n \geq n_0$: $x_n - y_n < \varepsilon$.
Damit haben wir ein $n_0 \in \mathbb{N}$ gefunden, so dass für alle $n \geq n_0$ gilt: $|y_n - x_n| < \varepsilon$. Damit ist die Differenz von $(x_n \colon n \in \mathbb{N})$ und $(y_n \colon n \in \mathbb{N})$ eine Nullfolge und es gilt (1).

$\square$

Definition 2.2.5   Seien $(x_n \colon n \in \mathbb{N}), (y_n \colon n \in \mathbb{N})$ rationale   2.2.5
Cauchy-Folgen. Wir schreiben dann

$$[x_n \colon n \in \mathbb{N}] < [y_n \colon n \in \mathbb{N}]$$

gdw. es ein $n_0 \in \mathbb{N}$ und ein $\varepsilon \in \mathbb{Q}, \varepsilon > 0$, gibt, so dass für
alle $n \geq n_0 \colon y_n > x_n + \varepsilon$.   □

Wir müssen zeigen, dass $<$ wohldefiniert ist. Die definie-
rende Tatsache („es gibt $n_0 \in \mathbb{N}$ und $\varepsilon \in \mathbb{Q}, \varepsilon > 0$, so dass
für alle $n \geq n_0 \colon y_n > x_n + \varepsilon$") nimmt Bezug auf jeweils
einen Repräsentanten der Äquivalenzklassen $[x_n \colon n \in \mathbb{N}]$
und $[y_n \colon n \in \mathbb{N}]$ (nämlich $(x_n \colon n \in \mathbb{N})$ und $(y_n \colon n \in \mathbb{N})$).
Wir müssen zeigen, dass der Wahrheitswert der definie-
renden Tatsache nicht von der Wahl der Repräsentanten
abhängt. Dies erfolgt im Wesentlichen in gleicher Weise wie
im Beweis von Lemma 2.2.4

Lemma 2.2.6   Seien $(x_n \colon n \in \mathbb{N}), (x'_n \colon n \in \mathbb{N}), (y_n \colon n \in \mathbb{N})$ 2.2.6
und $(y'_n \colon n \in \mathbb{N})$ rationale Cauchy-Folgen mit $(x_n \colon n \in \mathbb{N})E(x'_n \colon n \in \mathbb{N})$ und $(y_n \colon n \in \mathbb{N})E(y'_n \colon n \in \mathbb{N})$. Dann sind
die folgenden Aussagen äquivalent.

(1) Es gibt ein $n_0 \in \mathbb{N}$ und ein $\varepsilon \in \mathbb{Q}, \varepsilon > 0$ so, dass für
     alle $n \geq n_0 \colon y_n > x_n + \varepsilon$.
(2) Es gibt ein $n_0 \in \mathbb{N}$ und ein $\varepsilon \in \mathbb{Q}, \varepsilon > 0$ so, dass für
     alle $n \geq n_0 \colon y'_n > x'_n + \varepsilon$.

Beweis: Aus Symmetriegründen genügt es zu zeigen, dass (2) aus (1) folgt. Sei also (1) angenommen, und werde dies durch $n_0 \in \mathbb{N}$ und $\varepsilon \in \mathbb{Q}, \varepsilon > 0$, bezeugt. Sei $m_0 \in \mathbb{N}$ so, dass für alle $n \geq m_0$ gilt: $|x'_n - x_n| < \frac{\varepsilon}{3}$ und $|y'_n - y_n| < \frac{\varepsilon}{3}$. Sei o. B. d. A. $m_0 \geq n_0$. Dann gilt für alle $n \geq m_0$:

$$y'_n - x'_n = (y_n - x_n) - (y_n - y'_n) - (x'_n - x_n)$$
$$\geq (y_n - x_n) - |y_n - y'_n| - |x'_n - x_n|$$
$$> \varepsilon - \tfrac{\varepsilon}{3} - \tfrac{\varepsilon}{3} = \tfrac{\varepsilon}{3}.$$

Damit gilt (2), bezeugt durch m_0 und $\frac{\varepsilon}{3}$. $\qquad\qquad \square$

Wir haben gezeigt, dass $<$ eine strikte lineare Ordnung auf $\mathbb{R}$ ist. Die rationalen Zahlen sind im folgenden Sinne „dicht" in den reellen Zahlen enthalten:

2.2.7

Satz 2.2.7 Seien $x, y \in \mathbb{R}$. Dann existiert ein $z \in \mathbb{Q}$ mit $x < z$ und $z < y$.

Beweis: Sei $x = [x_n : n \in \mathbb{N}]$ und $y = [y_n : n \in \mathbb{N}]$, wobei $(x_n : n \in \mathbb{N}), (y_n : n \in \mathbb{N})$ rationale Cauchy-Folgen sind. Da $x < y$, gibt es $n_0 \in \mathbb{N}$ und $\varepsilon \in \mathbb{Q}, \varepsilon > 0$, so dass für alle $n \geq n_0$: $y_n > x_n + \varepsilon$. Sei $m_0 \geq n_0$ so, dass für alle $n, m \geq m_0$ gilt: $|x_m - x_n| < \frac{\varepsilon}{3}$ und $|y_m - y_n| < \frac{\varepsilon}{3}$. Setze $z = \frac{1}{2} \cdot (x_{m_0} + y_{m_0})$. Dann gilt für alle $n \geq m_0$:

$$z - x_n = z - x_{m_0} + x_{m_0} - x_n$$
$$\geq z - x_{m_0} - |x_{m_0} - x_n|$$
$$= \tfrac{1}{2} \cdot (y_{m_0} - x_{m_0}) - |x_{n_0} - x_n|$$
$$> \tfrac{1}{2}\varepsilon - \tfrac{1}{3}\varepsilon = \tfrac{1}{6}\varepsilon \,,$$

d. h. es gilt $z > x_n + \frac{1}{6}\varepsilon$ für alle $n \geq m_0$. Dies zeigt $x = [x_n\colon n \in \mathbb{N}] < [z\colon n \in \mathbb{N}]$. Analog zeigt man $[z\colon n \in \mathbb{N}] < [y_n\colon n \in \mathbb{N}] = y$. $\square$

Korollar 2.2.8 $\mathbb{R}$ ist „archimedisch" im folgenden Sinne. Sei $x \in \mathbb{R}$. Dann existiert ein $n \in \mathbb{N}$ mit $x < n$.

2.2.8

Beweis: Der Fall $x \leq 0$ ist trivial. Nehmen wir also an, es gelte $x > 0$. Sei $z \in \mathbb{Q}$, so dass $z > 0$ und $z < \frac{1}{x}$. (Ein solches z existiert wegen Satz 2.2.7.) Es gibt $m, n \in \mathbb{N}$ mit $m > 0$ und $n > 0$, so dass $z = \frac{m}{n}$. Es gilt dann $\frac{m}{n} < \frac{1}{x}$, also $m \cdot x < n$. Daraus folgt $x < n$. $\square$

Mit den reellen Zahlen lässt sich in gewohnter Weise rechnen.

Wir definieren die Addition auf $\mathbb{R}$ durch

$$[x_n\colon n \in \mathbb{N}] + [y_n\colon n \in \mathbb{N}] = [x_n + y_n\colon n \in \mathbb{N}]\,,$$

wobei $(x_n\colon n \in \mathbb{N})$ und $(y_n\colon n \in \mathbb{N})$ rationale Cauchy-Folgen sind.

Lemma 2.2.9 Seien $(x_n\colon n \in \mathbb{N}), (x'_n\colon n \in \mathbb{N}), (y_n\colon n \in \mathbb{N})$, $(y'_n\colon n \in \mathbb{N})$ rationale Cauchy-Folgen mit $(x_n\colon n \in \mathbb{N})E$ $(x'_n\colon n \in \mathbb{N})$ und $(y_n\colon n \in \mathbb{N})E(y'_n\colon n \in \mathbb{N})$. Dann sind auch $(x_n + y_n\colon n \in \mathbb{N}), (x'_n + y'_n\colon n \in \mathbb{N})$ rationale Cauchy-Folgen und es gilt $(x_n + y_n\colon n \in \mathbb{N})E(x'_n + y'_n\colon n \in \mathbb{N})$.

2.2.9

Beweis: Siehe Problem 2.2.2 (1). $\square$

Damit ist die Addition auf $\mathbb{R}$ wohldefiniert. Man sieht leicht, dass $+$ assoziativ und kommutativ auf $\mathbb{R}$ ist. Außerdem gilt

$$[x_n \colon n \in \mathbb{N}] + [0 \colon n \in \mathbb{N}] = [x_n \colon n \in \mathbb{N}]$$

und

$$[x_n \colon n \in \mathbb{N}] + [-x_n \colon n \in \mathbb{N}] = [0 \colon n \in \mathbb{N}]$$

für alle rationalen Cauchy-Folgen $(x_n \colon n \in \mathbb{N})$, wodurch $\mathbb{R}$ bezüglich $+$ eine abelsche Gruppe ist.

Wir definieren die Multiplikation auf $\mathbb{R}$ durch

$$[x_n \colon n \in \mathbb{N}] \cdot [y_n \colon n \in \mathbb{N}] = [x_n \cdot y_n \colon n \in \mathbb{N}]\,,$$

wobei $(x_n \colon n \in \mathbb{N})$ und $(y_n \colon n \in \mathbb{N})$ rationale Cauchy-Folgen sind.

2.2.10

Lemma 2.2.10 Seien $(x_n \colon n \in \mathbb{N}), (x'_n \colon n \in \mathbb{N}), (y_n \colon n \in \mathbb{N})$ und $(y'_n \colon n \in \mathbb{N})$ rationale Cauchy-Folgen mit $(x_n \colon n \in \mathbb{N})E$ $(x'_n \colon n \in \mathbb{N})$ und $(y_n \colon n \in \mathbb{N})E(y'_n \colon n \in \mathbb{N})$. Dann sind auch $(x_n \cdot y_n \colon n \in \mathbb{N}), (x'_n \cdot y'_n \colon n \in \mathbb{N})$ rationale Cauchy-Folgen und es gilt $(x_n \cdot y_n \colon n \in \mathbb{N})E(x'_n \cdot y'_n \colon n \in \mathbb{N})$

Beweis: Siehe Problem 2.2.2 (2). $\square$

Damit ist die Multiplikation auf $\mathbb{R}$ wohldefiniert. Man sieht leicht, dass $\cdot$ assoziativ und kommutativ auf $\mathbb{R}$ ist. Außerdem gilt

$$[x_n \colon n \in \mathbb{N}] \cdot [1 \colon n \in \mathbb{N}] = [x_n \colon n \in \mathbb{N}]$$

für alle rationalen Cauchy-Folgen $(x_n \colon n \in \mathbb{N})$. Sei weiterhin $(x_n \colon n \in \mathbb{N})$ eine rationale Cauchy-Folge, $(x_n \colon n \in \mathbb{N})$ keine Nullfolge, d. h. es gibt ein $n_0 \in \mathbb{N}$ und ein $\varepsilon \in \mathbb{Q}, \varepsilon > 0$, so dass $|x_n| > \varepsilon$ für alle $n \geq n_0$. Sei dann $(y_n \colon n \in \mathbb{N})$ definiert durch $y_n = 1$, falls $n < n_0$, und $y_n = \frac{1}{x_n}$, falls $n \geq n_0$. Dann ist $(y_n \colon n \in \mathbb{N})$ eine rationale Cauchy-Folge. Sei nämlich $\varepsilon \in \mathbb{Q}, \varepsilon > 0$. Sei $m_0 \geq n_0$ so, dass für alle $m, n \geq m_0$ gilt: $|x_m - x_n| < \varepsilon^3$; dann gilt für alle $m, n \geq m_0 \colon |y_m - y_n| = |\frac{1}{x_m} - \frac{1}{x_n}| = \frac{|x_n - x_m|}{|x_m| \cdot |x_n|} < \frac{\varepsilon^3}{\varepsilon \cdot \varepsilon} = \varepsilon$. Außerdem sieht man leicht, dass

$$(x_n \cdot y_n \colon n \in \mathbb{N}) E (1 \colon n \in \mathbb{N}) = 1 \,.$$

Somit ist $\mathbb{R} \setminus \{0\}$ bezüglich $\cdot$ eine abelsche Gruppe.

Ebenso leicht lassen sich die Distributionsgesetze für $+$ und $\cdot$ nachrechnen, wodurch $\mathbb{R}$ ein Körper ist.

Wir wollen nun die Vollständigkeit von $\mathbb{R}$ nachrechnen. Die Vollständigkeit von $\mathbb{R}$ besagt, dass jede Cauchy-Folge, die in $\mathbb{R}$ verläuft, einen Grenzwert in $\mathbb{R}$ besitzt. Hierzu müssen wir zunächst die Begriffe „Cauchy-Folge" und „Konvergenz" in natürlicher Weise auf $\mathbb{R}$ ausdehnen.

Für $x \in \mathbb{R}$ sei der Betrag $|x|$ von x wie folgt definiert: es sei $|x| = x$, falls $x \geq 0$, und es sei $|x| = -x$, falls $x \leq 0$.

Die Dreiecksungleichung (siehe Problem 2.1.7 und 2.2.3) gilt auch für reelle anstelle von rationalen Zahlen.

2.2.11   **Definition 2.2.11**   Sei $(x_n \colon n \in \mathbb{N})$ eine Folge reeller Zahlen. Dann heißt $(x_n \colon n \in \mathbb{N})$ eine *Cauchy-Folge* gdw. für alle $\varepsilon > 0$ ein $n_0 \in \mathbb{N}$ existiert, so dass für alle $n, m \geq n_0$ gilt: $|x_m - x_n| < \varepsilon$.   □

Da wegen Satz 2.2.7 zu jedem $\varepsilon \in \mathbb{R}$ mit $\varepsilon > 0$ ein $\varepsilon' \in \mathbb{Q}$ mit $\varepsilon' < \varepsilon$ und $\varepsilon' > 0$ existiert, spielt es keine Rolle, ob die Zahl ε in Definition 2.2.11 als rational oder reell angenommen wird.

2.2.12   **Definition 2.2.12**   Sei $(x_n \colon n \in \mathbb{N})$ eine Folge reeller Zahlen und sei x eine reelle Zahl. Dann *konvergiert* $(x_n \colon n \in \mathbb{N})$ gegen x, in Zeichen

$$\lim_{n \to \infty} x_n = x \,,$$

gdw. für alle $\varepsilon > 0$ ein $n_0 \in \mathbb{N}$ existiert, so dass für alle $n \geq n_0$ gilt: $|x - x_n| < \varepsilon$.   □

Sei $(x_n \colon n \in \mathbb{N})$ eine reelle Folge, und sei $x \in \mathbb{R}$. Angenommen, es gilt $\lim_{n \to \infty} x_n = x$. Zu vorgelegtem $\varepsilon > 0$ sei $n_0 \in \mathbb{N}$ so, dass $|x - x_n| < \frac{\varepsilon}{2}$ für alle $n \geq n_0$. Dann gilt für alle $n, m \geq n_0$:

$$|x_m - x_n| = |x - x_n + x_m - x|$$
$$\leq |x - x_n| + |x_m - x| < \tfrac{\varepsilon}{2} + \tfrac{\varepsilon}{2} = \varepsilon.$$

Wenn also $(x_n \colon n \in \mathbb{N})$ gegen x konvergiert dann ist $(x_n \colon n \in \mathbb{N})$ eine Cauchy-Folge.

Satz 2.2.13 Sei $(x_n \colon n \in \mathbb{N})$ eine reelle Cauchy-Folge. Dann gibt es eine reelle Zahl x, so dass $(x_n \colon n \in \mathbb{N})$ gegen x konvergiert.

2.2.13

Beweis: Für jedes $n \in \mathbb{N}$ sei y_n eine rationale Zahl mit $x_n < y_n$ und $y_n < x_n + \frac{1}{n+1}$. (Ein solches y_n existiert wegen Satz 2.2.7).

Wir zeigen zunächst, dass $(y_n \colon n \in \mathbb{N})$ eine Cauchy-Folge ist. Sei $\varepsilon > 0$ vorgelegt. Sei $n_0 \in \mathbb{N}$ so, dass $\frac{1}{n_0+1} < \frac{\varepsilon}{3}$. Dann gilt für alle $m, n \geq n_0$:

$$
\begin{aligned}
|y_m - y_n| &= |y_m - x_m + x_m - x_n + x_n - y_n| \\
&\leq |y_m - x_m| + |x_m - x_n| + |x_n - y_n| \\
&< \tfrac{1}{m+1} + \tfrac{\varepsilon}{3} + \tfrac{1}{n+1} \\
&< \tfrac{\varepsilon}{3} + \tfrac{\varepsilon}{3} + \tfrac{\varepsilon}{3} = \varepsilon \, .
\end{aligned}
$$

Die Folge $(y_n \colon n \in \mathbb{N})$ ist also in der Tat eine rationale Cauchy-Folge.

Wir zeigen nun, dass $(x_n \colon n \in \mathbb{N})$ gegen die reelle Zahl $[y_n \colon n \in \mathbb{N}]$ konvergiert. Wir schreiben $y = [y_n \colon n \in \mathbb{N}]$. Wir müssen zeigen, dass für jedes $\varepsilon > 0$ ein $n_0 \in \mathbb{N}$ existiert, so dass für alle $m \geq n_0$ gilt: $|y - x_m| < \varepsilon$. Sei also $\varepsilon > 0$ vorgelegt.

Behauptung. Es gibt ein $n_0 \in \mathbb{N}$, so dass für alle $m \geq n_0$ gilt: $|y_m - y| < \frac{\varepsilon}{2}$ und $\frac{1}{m+1} < \frac{\varepsilon}{2}$.

Sei zunächst die Behauptung als richtig angenommen. Dann gilt für $m \geq n_0$ mit Hilfe der Dreiecksungleichung:

$$\begin{aligned}
|x_m - y| &= |x_m - y_m + y_m - y| \\
&\leq |x_m - y_m| + |y_m - y| \\
&< \tfrac{1}{m+1} + \tfrac{\varepsilon}{2} \\
&< \tfrac{\varepsilon}{2} + \tfrac{\varepsilon}{2} = \varepsilon \,.
\end{aligned}$$

Es genügt also, die Behauptung zu beweisen.

Sei m_0 so, dass für alle $m, n \geq m_0$ gilt: $|y_m - y_n| < \tfrac{\varepsilon}{4}$. Sei $m \geq m_0$, und sei $\delta = \tfrac{\varepsilon}{4}$. Dann gilt für alle $n \geq m_0$:

$$y_n + \tfrac{\varepsilon}{2} > y_m + \delta$$

und

$$y_m + \tfrac{\varepsilon}{2} > y_n + \delta \,.$$

Nach Definition 2.2.5 bedeutet dies:

$$y_m = [y_m : n \in \mathbb{N}] < [y_n + \tfrac{\varepsilon}{2} : n \in \mathbb{N}] = y + \tfrac{\varepsilon}{2}$$

und

$$y = [y_n : n \in \mathbb{N}] < [y_m + \tfrac{\varepsilon}{2} : n \in \mathbb{N}] = y_m + \tfrac{\varepsilon}{2} \,,$$

d. h.

$$|y_m - y| < \tfrac{\varepsilon}{2} \,.$$

Aufgrund von Korollar 2.2.8 existiert ein k_0, so dass für alle $m \geq k_0$ gilt: $\tfrac{1}{m+1} < \tfrac{\varepsilon}{2}$. Wenn dann n_0 das Maximum von m_0 und k_0 ist, dann leistet n_0 das für die Behauptung Gewünschte. $\square$

Insbesondere existiert nun aufgrund des Beweises von Lemma 2.2.2 eine nichtrationale reelle Zahl x mit $x^2 = 2$. Dasjenige x mit $x^2 = 2$ und $x > 0$ wird mit $\sqrt{2}$ bezeichnet. Jedes Element von $\mathbb{R} \setminus \mathbb{Q}$ heißt *irrationale* Zahl.

Definition 2.2.14   Seien $x, y \in \mathbb{R}$ mit $x < y$. Wir schreiben dann

$$(x, y) = \{z \in \mathbb{R} \colon x < z \wedge z < y\}$$

für das offene Intervall zwischen x und y, und wir schreiben

$$[x, y] = \{z \in \mathbb{R} \colon x \leq z \wedge z \leq y\}$$

für das abgeschlossene Intervall zwischen x und y. $\square$

Wir benutzen nun die folgende Notation. Sei, für $n \in \mathbb{N}$, A_n eine Menge. Dann seien

$$\bigcup_{n \in N} A_n = \{x \colon \text{es gibt ein } n \in \mathbb{N} \text{ mit } x \in A_n\}$$

und

$$\bigcap_{n \in N} A_n = \{x \colon \text{für alle } n \in \mathbb{N}, \, x \in A_n\}.$$

Seien $(x_n \colon n \in \mathbb{N}), (y_n \colon n \in \mathbb{N})$ Folgen reeller Zahlen mit $x_n < y_n$, $x_{n+1} \geq x_n$ und $y_{n+1} \leq y_n$ für alle $n \in \mathbb{N}$. Dann gilt nicht notwendig, dass $\bigcap_{n \in \mathbb{N}}(x_n, y_n) \neq \emptyset$. (Wenn etwa $x_n = 0$ und $y_n = \frac{1}{n+1}$ für alle $n \in \mathbb{N}$, dann ist $\bigcap_{n \in \mathbb{N}}(x_n, y_n) = \emptyset$.) Andererseits gilt in dieser Situation immer, dass $\bigcap_{n\in\mathbb{N}}[x_n, y_n] \neq \emptyset$. Dies ist die Aussage des *Intervallschachtelungsprinzips*.

2.2.15   **Definition 2.2.15**   Seien $(x_n \colon n \in \mathbb{N}), (y_n \colon n \in \mathbb{N})$ Folgen reeller Zahlen mit $x_n \leq x_{n+1} < y_{n+1} \leq y_n$ für alle $n \in \mathbb{N}$. Dann heißt die Folge

$$([x_n, y_n] \colon n \in \mathbb{N})$$

abgeschlossener Intervalle eine *(abgeschlossene) Intervallschachtelung*.   □

2.2.16   **Satz 2.2.16**   **(Intervallschachtelungsprinzip)**
Sei $([x_n, y_n] \colon n \in \mathbb{N})$ eine Intervallschachtelung. Dann gilt

$$\bigcap_{n\in\mathbb{N}} [x_n, y_n] \neq \emptyset \,.$$

Beweis: (Siehe auch Problem 2.2.4 (1).) Zunächst ist leicht zu sehen, dass $(x_n \colon n \in \mathbb{N})$ eine Cauchy-Folge ist. Andernfalls gäbe es nämlich ein $\varepsilon > 0$, so dass für alle $n_0 \in \mathbb{N}$ natürliche Zahlen $n, m \geq n_0$ mit $|x_m - x_n| \geq \varepsilon$ existieren, was sofort liefert, dass ein $n \in \mathbb{N}$ mit $x_n > y_0$ existiert. Ebenso sieht man, dass $(y_n \colon n \in \mathbb{N})$ eine Cauchy-Folge ist. Seien $x = \lim_{n\to\infty} x_n$ und $y = \lim_{n\to\infty} y_n$. Es gilt $x \leq y$, da ansonsten ein $n \in \mathbb{N}$ mit $y_n < x_n$ existieren müsste. Damit gilt nun auch $x \in [x_n, y_n]$ für alle $m \in \mathbb{N}$, d. h. $\bigcap_{n\in\mathbb{N}}[x_n, y_n] \neq \emptyset$.   □

Definition 2.2.17 Sei $A \subset \mathbb{R}$. Dann heißt A *beschränkt* gdw.   **2.2.17**
x_0, $x_1 \in \mathbb{R}$ existieren, so dass $x_0 < y < x_1$ für alle $y \in A$.

$\square$

Wenn $A \subset \mathbb{R}$ beschränkt ist, dann gibt es, da $\mathbb{R}$ wegen
Korollar 2.2.8 archimedisch ist, auch ein $n < \mathbb{N}$, so dass
$y < n$ für alle $y \in A$.

Satz 2.2.18   (Supremumsprinzip) Sei $A \subset \mathbb{R}$ eine nicht-   **2.2.18**
leere beschränkte Menge reeller Zahlen. Dann existiert ein
$x \in \mathbb{R}$ mit:

(a) für alle $y \in A$ gilt $y \leq x$, und
(b) wenn $z \in \mathbb{R}$ so ist, dass $y \leq z$ für alle $y \in A$ gilt, dann
     ist $x \leq z$.

Beweis: (Siehe auch Problem 2.2.4 (2).) Wir definieren eine
Intervallschachtelung $([x_n, y_n] : n \in \mathbb{N})$ wie folgt. Sei $x_0 \in A$, und sei y_0 so, dass $y < y_0$ für alle $y \in A$ gilt. Nehmen wir
an, x_n und y_n seien definiert, wobei gilt: es gibt ein $y \in A$
mit $x_n \leq y$ und $y < y_n$ für alle $y \in A$. Sei $z = \frac{1}{2} \cdot (x_n + y_n)$.
Wir setzen $x_{n+1} = x_n$ und $y_{n+1} = z$ falls $y < z$ für alle
$y \in A$, und wir setzen $x_{n+1} = z$ und $y_{n+1} = y_n$, falls es ein
$y \in A$ mit $z \leq y$ gibt.
Sei $x = \lim_{n \to \infty} x_n$. Es lässt sich dann leicht nachrechnen,
dass x wie gewünscht ist. $\square$

Das Intervallschachtelungsprinzip kann in sehr einfacher Weise benutzt werden, um die Überabzählbarkeit von $\mathbb{R}$ (siehe Definition 1.1.18) zu zeigen.

2.2.19   **Satz 2.2.19 (Cantor)** Es gibt keine Surjektion

$$f \colon \mathbb{N} \to \mathbb{R} \,.$$

Beweis: Sei $f \colon \mathbb{N} \to \mathbb{R}$. Wir definieren eine Intervallschachtelung $([x_n, y_n] \colon n \in \mathbb{N})$ wie folgt. Sei $x_0 = 0 < 1 = y_0$. Angenommen x_n und y_n seien bereits konstruiert. Falls $f(n) \notin [x_n, y_n]$, dann setzen wir $x_{n+1} = x_n$ und $y_{n+1} = y_n$. Falls $f(n) \in [x_n, y_n]$, dann sei $\varepsilon = \frac{1}{3} \cdot (y_n - x_n)$. In mindestens einem der Intervalle $[x_n, x_n + \varepsilon], [x_n + \varepsilon, x_n + 2 \cdot \varepsilon], [x_n + 2 \cdot \varepsilon, y_n]$ ist dann $f(n)$ *nicht* enthalten. Sei $k \in \{0, 1, 2\}$ minimal, so dass $f(n) \notin [x_n + k \cdot \varepsilon, x_n + (k+1) \cdot \varepsilon]$. Wir setzen dann $x_{n+1} = x_n + k \cdot \varepsilon$ und $y_{n+1} = x_n + (k+1) \cdot \varepsilon$.

Dies definiert eine Intervallschachtelung $([x_n, y_n] \colon n \in \mathbb{N})$ so, dass für jedes $n \in \mathbb{N}$ gilt: $f(n) \notin [x_{n+1}, y_{n+1}]$. Wenn also $x \in \bigcap_{n \in \mathbb{N}} [x_n, y_n]$, dann ist $x \notin \{f(n) \colon n \in \mathbb{N}\}$, und f kann nicht surjektiv sein.   □

2.2.1   **Problem 2.2.1**   Sei $n > 1$ eine natürliche Zahl. Zeigen Sie: Es gibt ein $x \in \mathbb{Q}$ mit $x^2 = n$ gdw. ein $m \in \mathbb{N}$ mit $m^2 = n$ existiert.

2.2.2   **Problem 2.2.2**

(1) Beweisen Sie Lemma 2.2.9!
(2) Beweisen Sie Lemma 2.2.10!

Problem 2.2.3 Zeigen Sie die Gültigkeit der *Dreiecksunglei-*   **2.2.3**
chung für $\mathbb{R}$: Für alle x, $y \in \mathbb{R}$ gilt $|x + y| \leq |x| + |y|$.

Problem 2.2.4   **2.2.4**

(1) Ergänzen Sie die Details im Beweis von Satz 2.2.16!
(2) Ergänzen Sie die Details im Beweis von Satz 2.2.18!

Problem 2.2.5   Sei $([x_n, y_n] : n \in \mathbb{N})$ eine Intervallschachtelung,   **2.2.5**
wobei $(y_n - x_n : n \in \mathbb{N})$ eine Nullfolge ist. Zeigen Sie, dass dann
$\bigcap_{n \in \mathbb{N}} [x_n, y_n]$ genau ein Element besitzt, und dass für dieses Element x gilt: $x = \lim_{n \to \infty} x_n = \lim_{n \to \infty} y_n$.

Problem 2.2.6 Zeigen Sie die Gültigkeit des Intervallschachte-   **2.2.6**
lungsprinzips unter Voraussetzung des Supremumsprinzips! Zei-
gen Sie unter Voraussetzung des Supremumsprinzips, dass jede
Cauchy-Folge gegen eine reelle Zahl konvergiert!

Problem 2.2.7 Zeigen Sie mit Hilfe des Supremumsprinzips die   **2.2.7**
Gültigkeit der folgenden Aussage („Infimumsprinzip"): Sei A eine nichtleere beschränkte Menge reeller Zahlen. Dann existert
ein $x \in \mathbb{R}$ mit:

(a) für alle $y \in A$ gilt $x \leq y$, und
(b) wenn $z \in \mathbb{R}$ so ist, dass $z \leq y$ für alle $y \in A$ gilt, dann ist
    $z \leq x$.

Problem 2.2.8 Zeigen Sie: Es gibt eine Bijektion von $\mathbb{R}$ auf die   **2.2.8**
Menge der Teilmengen von $\mathbb{N}$. Also gibt es auch eine Bijektion
von $\mathbb{R}$ auf die Menge aller unendlichen 0–1-Folgen.

2.2.9

Problem 2.2.9 * Zeigen Sie: Es gibt eine Bijektion von $\mathbb{R}$ auf die Menge aller stetigen Funktionen von $\mathbb{R}$ nach $\mathbb{R}$. (Siehe z. B. [6] zum Begriff der stetigen Funktion. Hinweis: Wenn $f\colon \mathbb{R} \to \mathbb{R}$ und $g\colon \mathbb{R} \to \mathbb{R}$ stetig sind mit $f \restriction \mathbb{Q} = g \restriction \mathbb{Q}$, dann ist $f = g$.)

2.3 Die Theorie der reellen Zahlen

Wir wollen nun, ähnlich wie dies in Abschnitt 1.2 für die natürlichen Zahlen geschehen ist, ein Axiomensystem für die reellen Zahlen angeben.

Zunächst sind die reellen Zahlen ein *Körper*, d. h. es gelten die nachfolgenden Axiome:

$$(1) \quad \forall x \forall y \ \ x + y = y + x$$

$$(2) \quad \forall x \forall y \ \ x \cdot y = y \cdot x$$

$$(3) \ \forall x \forall y \forall z \ \ (x + y) + z = x + (y + z)$$

$$(4) \ \forall x \forall y \forall z \ \ (x \cdot y) \cdot z = x \cdot (y \cdot z)$$

$$(5) \ \forall x \forall y \forall z \ \ x \cdot (y + z) = (x \cdot y) + (x \cdot z)$$

$$(6) \quad\quad \forall x \ \ x + 0 = x$$

$$(7) \quad\quad \forall x \ \ x \cdot 1 = x$$

$$(8) \quad \forall x \exists y \ \ x + y = 0$$

$$(9) \quad\quad \forall x \ \ (x \neq 0 \rightarrow \exists y \ \ x \cdot y = 1)$$

$$(10) \quad 0 \neq 1$$

Hierbei besagen die Axiome (1), (3), (6) und (8), dass $\mathbb{R}$ bezüglich $+$ eine *abelsche Gruppe* mit 0 als neutralem Element ist, und die Axiome (2), (4), (7) und (9) besagen, dass $\mathbb{R} \setminus \{0\}$ bezüglich $\cdot$ eine abelsche Gruppe mit 1 als neutralem Element ist. Die Axiome (1) und (2) sind die *Kommutativ*- und die Axiome (3) und (4) die *Assoziativgesetze*. Axiom (5) ist das *Distributivitätsgesetz*. Darüber hinaus ist $\mathbb{R}$ sogar ein *geordneter* Körper, d. h. es gelten weiterhin die nachfolgenden Axiome:

$$(11) \qquad \forall x \ \neg x < x$$

$$(12) \quad \forall x \forall y \ (x < y \lor x = y \lor y < x)$$

$$(13) \ \forall x \forall y \forall z \ (x < y \land y < z \rightarrow x < z)$$

$$(14) \ \forall x \forall y \forall z \ (x < y \rightarrow x + z < y + z)$$

$$(15) \ \forall x \forall y \forall z \ (x < y \land 0 < z \rightarrow x \cdot z < y \cdot z)$$

Die Axiome (11)–(13) drücken aus, dass $\mathbb{R}$ durch $<$ linear geordnet ist, und dass für reelle Zahlen x, y genau eine der drei Aussagen $x < y, x = y, y < x$ zutrifft *(Trichotomie)*. Die Axiome (14) und (15) sind die *Monotoniegesetze*.

Wir bezeichnen das Axiomensystem, das durch die obigen Axiome (1)–(15) gegeben ist, mit GK (für „*g*eordnete *K*örper"). Die Sprache, in der GK formuliert ist, hat neben den allgemeinen logischen Symbolen (siehe Abschnitt 1.2) und Variablen $x, y, z, \dots$ für reelle Zahlen die folgenden Symbole:

0   als Konstante für die Null

1   als Konstante für die Eins

+   als zweistelliges Funktionssymbol für die Addition

$\cdot$ als zweistelliges Funktionssymbol für die Multiplikation

$<$ als zweistelliges Relationssymbol für die Kleiner-Relation

Man überzeugt sich leicht, dass es mehrere (zueinander nicht isomorphe) Strukturen (d. h. *geordnete Körper*) gibt, die die Axiome (1)–(15) erfüllen. Beispielsweise ist neben

$\mathbb{R}$ auch $\mathbb{Q}$ ein geordneter Körper. Weiterhin ist jeder Zwischenkörper K mit $\mathbb{Q} \subset K \subset \mathbb{R}$ (etwa $K = \mathbb{Q}[\sqrt{2}]$, d. h. der kleinste Unterkörper von $\mathbb{R}$, der $\sqrt{2}$ enthält, siehe [1] oder [18]) ein geordneter Körper. Um die reellen Zahlen genauer zu charakterisieren, benötigen wir also (ein) weitere(s) Axiom(e). Wir müssen nämlich ausdrücken, dass die reellen Zahlen das Supremumsprinzip 2.2.18 erfüllen. Dabei geraten wir wieder in dieselbe Situation wie anlässlich der Formulierung des Induktionsaxioms in Abschnitt 1.2: entweder wir reichern die obige Sprache durch Hinzunahme von Variablen für Mengen reeller Zahlen und des Symbols $\in$ an und formulieren mit dieser Hilfe das Supremumsprinzip als *ein* Axiom, wobei wir dann aber wieder zusätzliche Mengenexistenzaxiome benötigen, oder wir formulieren das Supremumsprinzip als Schema.

Im ersten Fall können wir wie folgt verfahren. Das Supremumsprinzip wird als folgende Aussage genommen.

$$(16) \quad \forall X (X \neq \emptyset \wedge \exists x \forall y (y \in X \to y < x)$$
$$\to \exists x (\forall y (y \in X \to y < x) \wedge$$
$$\forall z (\forall y (y \in X \to y < z) \to x < z \vee x = z))).$$

Beispielsweise benötigen wir, um die Existenz von $\sqrt{2}$ zu zeigen, das Supremumsprinzip (16) für

$$X = \{y \in \mathbb{R} : y \cdot y < 2\}.$$

Allgemeiner scheinen wir lediglich die folgenden Fälle des Supremumsprinzips zu benötigen.

Sei $\varphi(y, x_1, \ldots, x_n)$ eine Formel der Sprache von GK, in der die Variablen y, x_1, ..., x_n vorkommen. Dann ist das zu $\varphi(y, x_1, \ldots, x_n)$ *gehörige Supremumsprinzip* die Aussage

$$(16)_\varphi \quad \forall x_1 \cdots \forall x_n$$
$$(\exists y \varphi(y, x_1, \ldots, x_n) \wedge \exists x \forall y(\varphi(y, x_1, \ldots, x_n) \to y < x)$$
$$\to \exists x(\forall y(\varphi(y, x_1, \ldots, x_n) \to y < x)$$
$$\wedge \forall z(\forall y(\varphi(y, x_1, \ldots, x_n) \to y < z)$$
$$\to x < z \vee x = z))).$$

Wir bezeichnen das durch GK und alle $(16)_\varphi$ gegebene Axiomensystem mit VGK (für „*v*ollständige *g*eordnete *K*örper"). Wir werden später diskutieren, ob VGK die reellen Zahlen („bis auf Isomorphie") festlegen kann. (Siehe Problem 4.3.5.)

2.3.1

Problem 2.3.1 Zeigen Sie aus den Körperaxiomen, dass kein x mit $x \cdot 0 = 1$ existieren kann. Zeigen Sie aus den Axiomen von GK ebenfalls die folgenden Aussagen:

(a) Für jedes x existiert *genau ein* y mit $x + y = 0$. (Dieses y wird meist mit $-x$ bezeichnet.)

(b) Für jedes $x \neq 0$ existiert *genau ein* $y \neq 0$ mit $x \cdot y = 1$. (Dieses y wird meist mit $\frac{1}{x}$ bezeichnet.)

(c) Für alle x gilt $x \cdot 0 = 0$.

(d) Für alle x, y gilt $-(x \cdot y) = (-x) \cdot y = x \cdot (-y)$.

(e) Für alle z gilt $z > 0 \Longleftrightarrow -z < 0$.

(f) Für alle x, y, z gilt: wenn $z < 0$ und $x < y$, dann $x \cdot z > y \cdot z$.

(g) Für alle z mit $z \neq 0$ gilt $z \cdot z > 0$.

(h) $0 < 1$.

Problem 2.3.2 * Beweisen Sie die folgenden Aussagen in VGK.
(Für die Aussagen (b), (c), (d) wird lediglich GK benötigt.)

(a) $\forall x (x \geq 0 \to \exists y \; y^2 = x)$.

(b) $\forall x_0 \forall x_1 (x_1 \neq 0 \to \exists y \; x_1 \cdot y + x_0 = 0)$.

(c) $\forall x_0 \forall x_1 \forall x_2 \forall x_3 (x_3 \neq 0 \to \exists y \; x_3 \cdot y^3 + x_2 \cdot y^2 + x_1 \cdot y + x_0 > 0)$.

(d) $\forall x_0 \forall x_1 \forall x_2 \forall x_3$
$\qquad (x_3 \neq 0 \to \exists y \; x_3 \cdot y^3 + x_2 \cdot y^2 + x_1 \cdot y + x_0 < 0)$.

(e) $\forall x_0 \forall x_1 \forall x_2 \forall x_3$
$\qquad (x_3 \neq 0 \to \exists y \; x_3 \cdot y^3 + x_2 \cdot y^2 + x_1 \cdot y + x_0 = 0)$.

Hier ist y^2 kurz für $y \cdot y$ und y^3 kurz für $y \cdot y \cdot y$.

3

Kapitel 3

Mengen

3   Mengen

3 Mengen

Wir haben oben, insbesondere anlässlich der Konstruktion der reellen aus den natürlichen Zahlen, die Nützlichkeit mengentheoretischer Konstruktionen beobachten können. Es stellt sich nun heraus, dass sämtliche Objekte bzw. Strukturen der Mathematik mengentheoretisch konstruiert werden können. Einigen Aspekten hiervon wollen wir in diesem Kapitel nachgehen. Wir wollen auch die Rolle des Auswahlaxioms und die fundamentalen toplogischen Eigenschaften von $\mathbb{R}$ untersuchen.

Gute Einführungen in die Mengenlehre sind in den Büchern [12], [8] und [9] zu finden.

3.1 Mengen, Klassen und Grothendieck-Universen

Einer der grundlegenden Begriffe der Mathematik ist der der *Funktion*. Eine Funktion f von A nach B weist jedem Element a von A genau ein Element $f(a)$ von B zu. Wir können Funktionen als Mengen von geordneten Paaren mit bestimmten Eigenschaften ansehen. Wir müssen uns daher zunächst mit dem Begriff des geordneten Paares beschäftigen. Zu gegebenen Objekten x und y wollen wir das „geordnete Paar" (x, y) so konstruieren, dass für alle x, y, x', y' gilt:

$$(*) \quad (x, y) = (x', y') \iff x = x' \text{ und } y = y'.$$

(Siehe Abschnitt 2.1.) Wir könnten das geordnete Paar als vordefinierten Grundbegriff einführen, von dem wir die Eigenschaft (∗) verlangen. (So verfährt etwa BOURBAKI.) Wir können aber besser das geordnete Paar selbst mengentheoretisch definieren. Hierzu gibt es mehrere Möglichkeiten, von denen wir die folgende wählen.

3.1.1   **Definition 3.1.1**   Seien x, y beliebige Objekte. Das *geordnete Paar von x und y* ist dann die Menge (x, y), die als $\{\{x\}, \{x, y\}\}$ definiert ist.   □

Wir beweisen nun (∗).

3.1.2   **Lemma 3.1.2**   Seien x, y, x', y' beliebige Objekte. Dann gilt $(x, y) = (x', y') \iff x = x' \land y = y'$.

Beweis: Die Gültigkeit von „⇐" ist trivial. Wir zeigen nun „⇒". Sei also $(x, y) = (x', y')$ vorausgesetzt. Wir müssen zeigen, dass $x = x'$ und $y = y'$.
Zunächst bemerken wir Folgendes. Im Falle $x = y$ gilt dann $\{x, y\} = \{x\}$, also $(x, y) = \{\{x\}, \{x, y\}\} = \{\{x\}\}$, und (x, y) besitzt also dann *ein* Element, nämlich $\{x\}$. Im Falle $x \neq y$ dagegen besitzt $(x, y) = \{\{x\}, \{x, y\}\}$ zwei verschiedene Elemente, nämlich $\{x\}$ und $\{x, y\}$ (wäre $\{x\} = \{x, y\}$ dann hätten wir $y \in \{x\}$, also $y = x$). Analoges gilt natürlich auch für (x', y'). Dies zeigt, dass aus $(x, y) = (x', y')$ folgt, dass entweder sowohl $x = y$ als auch $x' = y'$ gilt oder dass sowohl $x \neq y$ als auch $x' \neq y'$ gilt.

1. Fall. $x = y$ und $x' = y'$.
Dann gilt $\{\{x\}\} = (x, y) = (x', y') = \{\{x'\}\}$. Daraus folgt
$\{x\} = \{x'\}$, also $x = x'$, also auch $y = x = x' = y'$.

2. Fall. $x \neq y$ und $x' \neq y'$.
Dann besitzt (x, y) die zwei verschiedenen Elemente $\{x\}$
und $\{x, y\}$, und (x', y') besitzt die zwei verschiedenen Elemente $\{x'\}$ und $\{x', y'\}$. Da $(x, y) = (x', y')$, gilt zunächst
$\{x\} \in (x', y') = \{\{x'\}, \{x', y'\}\}$, also $\{x\} = \{x'\}$ oder
$\{x\} = \{x', y'\}$. Letzteres ist aber unmöglich, da $\{x\}$ einelementig und (wegen $x' \neq y'$) $\{x', y'\}$ zweielementig ist.
Also gilt $\{x\} = \{x'\}$, woraus $x = x'$ folgt. Sodann gilt wegen $(x, y) = (x', y')$ auch $\{x, y\} \in (x', y') = \{\{x'\}, \{x', y'\}\}$,
also $\{x, y\} = \{x'\}$ oder $\{x, y\} = \{x', y'\}$. Ersteres ist wieder unmöglich, da $\{x, y\}$ (wegen $x \neq y$) zweielementig und
$\{x'\}$ einelementig ist. Also gilt $\{x, y\} = \{x', y'\}$. Insbesondere gilt $y = y'$ oder $y = x'$. Letzteres ergibt aber wegen
$x = x'$ (wie bereits gezeigt wurde), dass $y = x$, was $x \neq y$
widerspricht. Also gilt $y = y'$. Wir haben damit $x = x'$ und
$y = y'$ gezeigt.   □

Mit Hilfe des Begriffs des geordneten Paares können wir
nun sehr leicht den Begriff der Funktion einführen.

Definition 3.1.3   Seien A, B beliebige Mengen. Das *Kreuz-*   3.1.3
produkt, $A \times B$, *von A und B* ist dann die Menge aller
geordneten Paare (a, b), wobei $a \in A$ und $b \in B$ gilt. Wir
schreiben auch A^2 für $A \times A$, A^3 für $(A \times A) \times A$, usw.
Jede Teilmenge R von $A \times B$ wird als *Relation auf A, B*

bezeichnet. Für $n \in \mathbb{N}$ wird eine Teilmenge S von

$$A^n = \underbrace{A \times (A \times \cdots (A \times A) \cdots)}_{n\text{-viele } A}$$

als *n-stellige Relation auf* A bezeichnet. Für $D \subset A$ schreiben wir dann auch $S \upharpoonright D$ für $S \cap D^n$. Eine zweistellige Relation $<$ auf A heißt eine *Ordnung* auf A gdw. die folgenden Aussagen gelten (vgl. Problem 1.2.2 (a) und (b) sowie die Axiome (11) und (13) von GK):

(a) für alle $x \in A$ gilt $x < x$ nicht
(b) für alle x, y, $z \in A$ folgt aus $x < y$ und $y < z$, dass $x < z$.

Die Ordnung $<$ heißt *linear* gdw. zusätzlich gilt (vgl. (Q11), das Axiom (12) von GK und Definition 1.2.1):

(c) für alle x, $y \in A$ gilt $x < y$ oder $x = y$ oder $y < x$.

Wenn $<$ eine Ordnung auf A ist, dann schreiben wir oft auch $x \leq y$ anstelle von $x < y \vee x = y$. Eine *Funktion von A nach B*, geschrieben $f \colon A \to B$, ist dann eine Relation R auf A, B, so dass für jedes $a \in A$ genau ein $b \in B$ mit $(a, b) \in R$ existiert. Üblicherweise benutzen wir die Buchstaben $f, g, \ldots, F, \ldots, \varphi, \ldots$ für Funktionen. Wenn f eine Funktion von A nach B ist, so heißt A der *Definitionsbereich* (oder, *Urbildbereich*) *von* f und B der *Wertebereich von* f . Wenn $<_A$ eine lineare Ordnung auf A ist, wenn $<_B$ eine lineare Ordnung auf B ist, und wenn $f \colon A \to B$

eine Funktion ist, dann heißt f ein *Ordnungshomomorphismus* (bezüglich $<_A$, $<_B$) gdw. für alle x, $y \in A$ gilt, dass $x <_A y$ gdw. $f(x) <_B f(y)$. Ein solches f heißt ein *Ordnungsisomorphismus*, falls f bijektiv ist. In dieser Situation schreiben wir $f : (A, <_A) \cong (B, <_B)$.   □

Freilich haben wir oben bereits mit Funktionen gearbeitet. In Problem 2.1.8 wurde ein nichttrivialer Ordnungsisomorphismus konstruiert. Wir wissen nun, wie wir Funktionen als mengentheoretische Objekte konstruieren können.

Mit Hilfe mengentheoretischer Operationen können wir leicht sehr große Objekte konstruieren. Satz 2.2.19 hatte bereits gezeigt, dass es „mehr" reelle als natürliche Zahlen gibt. Ähnlich kann man zeigen, dass es zu jeder beliebigen Menge A eine Menge B gibt, die „größer" ist als A.

Definition 3.1.4 Sei A eine beliebige Menge. Die *Potenzmenge von A*, $\mathcal{P}(A)$, ist die Menge aller Teilmengen von A. □   **3.1.4**

Satz 3.1.5 (Cantor). Sei A eine beliebige Menge. Es gibt keine Surjektion   **3.1.5**

$$f \colon A \to \mathcal{P}(A)\,.$$

Beweis: Sei $f \colon A \to \mathcal{P}(A)$ gegeben. Sei

$$X_0 = \{a \in A : a \notin f(a)\} \subset A\,.$$

Angenommen, es gibt ein $a_0 \in A$ mit $f(a_0) = X_0$. Dann gilt $a_0 \in f(a_0) = X_0$ gdw. $a_0 \notin f(a_0)$. Widerspruch!

Also existiert kein $a \in A$ mit $f(a) = X_0$ und f ist nicht surjektiv. □

Es gibt also keine „größte" Menge, da es auf Grund dieses Satzes von Cantor zu jeder Menge A eine „größere" Menge (nämlich $\mathcal{P}(A)$) gibt. Insbesondere gibt es keine Menge aller Mengen. Dies zeigt das folgende Argument, die „CANTORsche Antinomie". Angenommen, es gäbe eine Menge V, in der jede Menge als Element enthalten ist. Dann gilt $\mathcal{P}(V) \subset V$, da jedes Element von $\mathcal{P}(V)$, d. h. jede Teilmenge von V, selbst Menge und damit in V als Element enthalten ist. Dann existiert nach Lemma 1.1.2 offensichtlich eine Surjektion f von V auf $\mathcal{P}(V)$. Dies widerspricht dem Cantorschen Satz 3.1.5.

Es gibt weitere Argumente, die zeigen, dass es keine Menge V aller Mengen gibt. Ein solches ist etwa die „RUSSELLsche Antinomie". Nehmen wir nochmals an, es gäbe eine Menge V, in der jede Menge als Element enthalten ist. Dann gäbe es auch die Menge

$$R = \{a \in V : a \notin a\}$$

aller Mengen, die sich nicht selbst als Element enthalten. Wir haben dann aber $R \in R$ gdw. $R \notin R$. Widerspruch!

Die mengentheoretischen Argumente, die wir in diesem und den letzten Abschnitten vollzogen haben, waren durchweg „naiv", d. h. sie wurden nicht auf der Basis eines Axiomensystems vorgenommen. Auch die Mengenlehre hat eine Axiomatisierung erfahren, und all unsere Argumente könnten auf der Basis dieser Axiomatisierung nachvollzogen werden. Wir wollen uns hier darauf beschränken, die Standardaxiomatisierung der Mengenlehre mit einigen erläuternden Kommentaren anzugeben. Wir werden diese Axiomatisierung jedoch nicht formal benutzen, sondern auch in Zukunft weiter mengentheoretisch naiv argumentieren. Allerdings wollen wir zeigen, dass das angegebene Axiomensystem ein Modell besitzt, wenn daraus das Unendlichkeitsaxiom entfernt wird, und wir wollen in diesem Abschnitt auch zeigen, wie sich mit Hilfe der Axiome von ZFC die natürlichen Zahlen mengentheoretisch konstruieren lassen.

Das Standard-Axiomensystem der Mengenlehre ist das ZERMELO-FRAENKELsche System, ZFC. Die Sprache von ZFC besitzt weder Konstanten noch Funktionssymbole (wie etwa die Sprache von PA), sondern als einiges Relationssymbol das zweistellige $\in$ für „ist Element von". ZFC besitzt die folgenden Axiome.

Das erste Axiom, das *Extensionalitätsaxiom*, besagt, dass zwei Mengen gleich sind gdw. sie dieselben Elemente besitzen.

(Ext) $\forall x \forall y (x = y \leftrightarrow \forall z (z \in x \leftrightarrow z \in y))$.

Das nächste Axiom, das *Fundierungsaxiom*, besagt, dass jede nichtleere Menge ein $\in$-minimales Element besitzt.

$(Fund)$ $\forall x (\exists y\, y \in x \rightarrow \exists y (y \in x \wedge \neg \exists z (z \in y \wedge z \in x)))$.

Mit Hilfe von Abkürzungen schreibt sich dies besser. Wir schreiben $x = \emptyset$ für $\neg \exists y \; y \in x$, $x \neq \emptyset$ für $\neg x = \emptyset$, $x \cap y = \emptyset$ für $\neg \exists z (z \in x \wedge z \in y)$. Dann liest sich (*Fund*) wie folgt:

(*Fund*) $\forall x (x \neq \emptyset \rightarrow \exists y \in x \; y \cap x = \emptyset)$.

Fundierte Relationen werden in Abschnitt 3.2 eingehend studiert, siehe Definition 3.2.4.

Wir schreiben $x = \{y, z\}$ für

$$y \in x \wedge z \in x \wedge \forall u \in x (u = y \vee u = z).$$

Das *Paarmengenaxiom* lautet dann

(*Paar*) $\forall x \forall y \exists z \; z = \{x, y\}$.

Zu gegebenen Mengen x und y lässt sich mit Hilfe von dreifacher Anwendung von (*Paar*) die Existenz von $(x, y) = \{\{x\}, \{x, y\}\}$ zeigen (siehe Problem 3.1.1 (a)).

Wir schreiben $x = \bigcup y$ für

$$\forall z (z \in x \leftrightarrow \exists u \in y \; z \in u).$$

Das *Vereinigungsaxiom* lautet

(*Ver*) $\forall x \exists y \; y = \bigcup x$.

Zu gegebenen Mengen x und y lässt sich mit Hilfe von (*Paar*) und (*Ver*) die Existenz von $x \cup y = \bigcup \{x, y\}$ zeigen (siehe Problem 3.1.1 (b)).

Wir schreiben $x \subset y$ für $\forall z \in x \; z \in y$ und $x = \mathcal{P}(y)$ für $\forall z(z \in x \leftrightarrow z \subset y)$. Das *Potenzmengenaxiom* besagt

$$(Pot) \quad \forall x \exists y \; y = \mathcal{P}(x) \,.$$

Für beliebige Mengen x und y gilt

$$x \times y \subset \mathcal{P}(\mathcal{P}(x \cup y)) \,,$$

wie sich durch Nachrechnen leicht bestätigt. Die Existenz von $\mathcal{P}(\mathcal{P}(x \cup y))$ lässt sich mit Hilfe von $(Paar)$, (Ver) und (Pot) zeigen. Die Aussonderungsaxiome (siehe unten) werden sodann benötigt, um die Existenz von $x \times y$ (siehe Problem 3.1.1 (c)) oder allgemeiner die Existenz definierbarer Teilmengen einer gegebenen Menge zu zeigen.

Sei φ eine Formel der Sprache von ZFC, in der genau die Variablen x, v_1, ..., v_p, nicht jedoch b, vorkommen. Das zu φ gehörige *Aussonderungsaxiom* lautet:

$$(Aus_\varphi) \quad \forall v_1 \cdots \forall v_p \forall a \exists b \forall x (x \in b \leftrightarrow (x \in a \wedge \varphi)).$$

Die (unendliche!) Menge aller Aussonderungsaxiome wird auch als *Aussonderungsschema* bezeichnet. Würden wir b in φ in (Aus_φ) zulassen, so ergäbe sich als eine Instanz von (Aus_φ) die Aussage

$$\forall a \exists b \forall x (x \in b \leftrightarrow (x \in a \wedge \neg \, x \in b)) \,.$$

Für $a \neq \emptyset$ und $x \in a$ hätten wir dann aber $x \in b \leftrightarrow \neg \, x \in b$. Das ist Unsinn!

Die durch (Aus_φ) als existent postulierte Menge b wird üblicherweise mit

$$\{x \in a \colon \varphi\}$$

bezeichnet, so dass (Aus_φ) besagt:

(Aus_φ) $\forall v_1 \dots \forall v_p \forall a \exists b \; b = \{x \in a \colon \varphi\}$.

Zu gegebenen Mengen a und v_1 lässt sich mit Hilfe von $(Aus)_{x \in v_1}$ die Existenz von $a \cap v_1 = \{x \in a \colon x \in v_1\}$ zeigen (siehe Problem 3.1.1 (d)), und es läßt sich zu gegebenen Mengen x und y nunmehr die Existenz von

$$x \times y = \{u \in \mathcal{P}(\mathcal{P}(x \cup y)) \colon$$
$$\exists a \exists b \; (a \in x \wedge b \in y \wedge u = (a,b))\}$$

zeigen (vgl. Problem 3.1.1 (c)).

Sei φ eine Formel der Sprache von ZFC, in der genau die Variablen x, y, $v_1, \dots, v_p$, jedoch nicht y', vorkommen. Das zu φ gehörige *Ersetzungsaxiom* lautet

(Ers_φ) $\forall v_1 \dots \forall v_p (\forall x \in a \exists y' \forall y (y = y' \leftrightarrow \varphi)$
$\rightarrow \exists b \forall y (y \in b \leftrightarrow \exists x \in a \; \varphi))$.

Die (wiederum unendliche!) Menge aller Ersetzungsaxiome wird auch als *Ersetzungsschema* bezeichnet. Die Voraussetzung $\forall x \in a \exists y' \forall y (y = y' \leftrightarrow \varphi)$ von (Ers_φ) besagt, dass es zu jedem $x \in a$ *genau ein* y mit der Eigenschaft φ gibt. y'

darf in φ in (Ers_φ) aus demselben Grund nicht vorkommen wie b in φ in (Aus_φ) nicht vorkommen darf.

Wenn wir, für $x \in a$, *ad hoc* $F(x)$ für das eindeutige y mit φ schreiben, dann postuliert (Ers_φ) also die Existenz einer Menge b, die man suggestiv durch

$$\{F(x) \colon x \in a\}$$

mitteilen könnte.

Das Ersetzungsschema wird z. B. für den Beweis der Existenz indizierter Vereinigungen und „grosser" Ordinalzahlen benötigt, siehe Probleme 3.1.1 (g), (h), 3.1.5 (f) und 3.2.7.

Das *Auswahlaxiom* lautet

$(AC)\quad \forall x(x \neq \emptyset \wedge \forall y \in x\ \forall y' \in x(y \cap y' \neq \emptyset \leftrightarrow y = y')$
$\qquad\qquad \rightarrow (\exists z\ \forall y \in x\ \exists u\ z \cap y = \{u\})).$

(AC) besagt also, dass jede nichtleere Menge, die aus paarweise disjunkten Mengen besteht, eine „Auswahlmenge" besitzt. Das Auswahlaxiom wird in Abschnitt 3.2 eingehender diskutiert werden.

Wir bezeichnen die Menge der Aussagen (Ext), $(Fund)$, $(Paar)$, (Ver), (Pot), (Aus_φ), (Ers_φ) (für beliebige φ wie oben) und (AC) als $\mathsf{ZFC}^{-\infty}$. Hierbei steht ZF für „*Z*ermelo-*F*raenkel", C für „*c*hoice" (Auswahl) und „$-\infty$" für die Abwesenheit des Unendlichkeitsaxioms. Letzterem wollen wir uns nun zuwenden.

Aus dem Aussonderungsschema folgt die Existenz der leeren Menge, indem φ als $x \neq x$ gewählt wird. Mit Hilfe des Paarmengen- und des Vereinigungsmengenaxioms zeigt sich dann leicht die Existenz der Mengen

$$\emptyset, \{\emptyset\}, \{\emptyset, \{\emptyset\}\}, \{\emptyset, \{\emptyset\}, \{\emptyset, \{\emptyset\}\}\},$$

usw. Wir wollen jetzt die Existenz einer Menge postulieren, die all diese Mengen als Elemente enthält.

Wir schreiben weiter $x = y \cup z$ für $x = \bigcup\{y, z\}$. Wir schreiben allgemein $y = x + 1$ für $y = x \cup \{x\}$.

3.1.6   **Definition 3.1.6**   Eine Menge A heißt *induktiv* gdw. $\emptyset \in A$ und für jedes $x \in A$ auch $x + 1 = x \cup \{x\} \in A$ gilt. $\square$

Das *Unendlichkeitsaxiom* besagt:

(∞) $\exists x$ (x ist induktiv)$\,$.

Das System ZFC (ZERMELO-FRAENKEL, mit Auswahlaxiom) entsteht aus $\mathsf{ZFC}^{-\infty}$ durch Hinzunahme des Unendlichkeitsaxioms.

Wir wollen nun die natürlichen Zahlen benutzen, um ein „Modell" der Mengenlehre, genauer: von $\mathsf{ZFC}^{-\infty}$, zu konstruieren. (Wir werden allgemeine Modelle in Abschnitt 4.1 studieren.) Wir fassen natürliche Zahlen wie folgt als „Mengen" auf. Sei $n \in \mathbb{N}$. Schreibe n in Dualdarstellung, d. h. $n = \sum_{i=0}^{\infty} m_i \cdot 2^i$, wobei $m_i \in \{0, 1\}$ für alle i (dann existieren natürlich nur endlich viele i mit $m_i = 1$). Wir fassen dann n als die Menge aller i auf, so dass $m_i = 1$. Anders gesagt: wir definieren eine zweistellige Relation $E \subset \mathbb{N} \times \mathbb{N}$ auf $\mathbb{N}$ wie folgt. Seien $k, n \in \mathbb{N}$. Dann gelte kEn (d. h.

$(k, n) \in E)$ gdw. $m_k = 1$, wobei $n = \sum_{i=0}^{\infty} m_i \cdot 2^i$ die Dualdarstellung von n ist.

Wenn $M \neq \emptyset$ und $R \subset M \times M$, so ist $(M; R)$ ein *Modell* der Sprache von ZFC, indem wir für x, $y \in M$ die Aussage $x \in y$ für *wahr im Modell* $(M; R)$ erklären gdw. xRy (d. h. $(x, y) \in R$). Ein derartiges Modell der Sprache von ZFC kann natürlich ein „Nichtstandard"-Modell sein insofern die Wahrheit von $x \in y$ im Modell $(M; R)$ nichts mit der Wahrheit, ob tatsächlich x ein Element von y ist, zu tun haben muss.

Insbesondere ist jedenfalls nun $(\mathbb{N}; E)$ für das oben definierte E ein Modell der Sprache von ZFC. Der folgende Satz besagt, dass jede Aussage von $\mathsf{ZFC}^{-\infty}$ wahr im Modell $(\mathbb{N}; E)$ ist. Für eine „atomare" Aussage der Gestalt $x \in y$ haben wir bereits erklärt, was es bedeutet, dass diese wahr in einem Modell $(M; R)$ ist. Für kompliziertere Aussagen erklären wir dies rekursiv:

> $\neg\, \varphi$ ist wahr in $(M; R)$
> > gdw. φ nicht wahr in $(M; R)$ ist.
>
> $\varphi \wedge \psi$ ist wahr in $(M; R)$
> > gdw. sowohl φ als auch ψ wahr in $(M; R)$ sind.
>
> $\varphi \vee \psi$ ist wahr in $(M; R)$
> > gdw. φ oder ψ wahr in $(M; R)$ ist.
>
> $\varphi \rightarrow \psi$ ist wahr in $(M; R)$
> > gdw. φ nicht wahr in $(M; R)$ ist
> > > oder wenn ψ wahr in $(M; R)$ ist.
>
> $\varphi \leftrightarrow \psi$ ist wahr in $(M; R)$
> > gdw. gilt:
> > φ ist wahr in $(M; R)$ gdw. ψ wahr in $(M; R)$ ist.

$\exists v\varphi(v)$ ist wahr in $(M; R)$
   gdw. es ein $x \in M$ gibt,
      so dass $\varphi(x)$ wahr in $(M; R)$ ist.
$\forall v\varphi(v)$ ist wahr in $(M; R)$
   gdw. für alle $x \in M$ gilt,
      dass $\varphi(x)$ wahr in $(M; R)$ ist.

In den letzten beiden Klauseln soll $\varphi(x)$ aus $\varphi(v)$ hervorgehen, indem x füer die Variable v „eingesetzt" wird. (Die genaue Definition von „$\mathcal{M}$ ist Modell von φ wird in Abschnitt 4.1 geliefert werden.)

3.1.7   **Satz 3.1.7** $(\mathbb{N}; E)$ ist Modell von $\mathsf{ZFC}^{-\infty}$.

Beweis: Offensichtlich gilt $(\mathbb{N}; E) \models (Ext)$.
Seien $k, n \in \mathbb{N}$. Dann folgt aus $(\mathbb{N}; E) \models k \in n$, dass $k < 2^k \leq n$. Sei also $n \in \mathbb{N}$ so, dass $(\mathbb{N}; E) \models n \neq \emptyset$ (d. h. $n \neq 0$!). Sei $k < n$ das kleinste k' mit $(\mathbb{N}; E) \models k' \in n$. Dann gilt $(\mathbb{N}; E) \models k \cap n = \emptyset$. Wir haben $(\mathbb{N}; E) \models (Fund)$ gezeigt.
$(\mathbb{N}; E) \models (Paar)$ zeigt sich wie folgt. Seien $n, m \in \mathbb{N}$. Sei

$$q = \begin{cases} 2^n + 2^m, & \text{falls } n \neq m \\ 2^n, & \text{falls } n = m. \end{cases}$$

Dann gilt offensichtlich $(\mathbb{N}; E) \models q = \{n, m\}$.
Wir zeigen $(\mathbb{N}; E) \models (Ver)$ folgendermaßen. Sei $n \in \mathbb{N}$. Sei $n = \Sigma m_i \cdot 2^i$ die Dualdarstellung von n, und sei, für $m_i = 1$,

$i = \Sigma m_{i,k} \cdot 2^k$ die Dualdarstellung von i. Wir setzen dann

$$m = \sum_{k \in X} 2^k \,,$$

wobei $k \in X$ gdw. ein i mit $m_i = 1 = m_{i,k}$ existiert. Offensichtlich gilt $(\mathbb{N}; E) \models m = \bigcup n$.
$(\mathbb{N}; E) \models (Pot)$ zeigt man mit Hilfe derselben Methode, die auch $(\mathbb{N}; E) \models (Ver)$ zeigte. Sei $n \in \mathbb{N}$. Sei $n = \Sigma m_i \cdot 2^i$ die Dualdarstellung von n. Für ein $m \in \mathbb{N}$ mit Dualdarstellung $\Sigma m_i' \cdot 2^i$ gilt offenbar $(\mathbb{N}; E) \models m \subset n$ gdw. für alle i, $m_i' \leq m_i$. Sei also I die (endliche!) Menge aller i mit $m_i = 1$. Für $I^* \subset I$ sei

$$n_{I^*} = \sum_{i \in I^*} 2^i \,.$$

(Offensichtlich ist die Abbildung, die $I^* \subset I$ nach n_{I^*} sendet, injektiv.) Schließlich sei

$$m = \sum_{I^* \subset I} 2^{n_{I^*}} \,.$$

Es ist leicht zu sehen, dass $(\mathbb{N}; E) \models m = \mathcal{P}(n)$.
Wir zeigen $(\mathbb{N}; E) \models (Aus_\varphi)$ für ein beliebiges φ wie in (Aus_φ) wie folgt. Seien $n_1, \ldots, n_p, a \in \mathbb{N}$, wobei

$$a = \sum m_i \cdot 2^i \,.$$

Setze dann

$$b = \sum_{i \in X} 2^i \,,$$

wobei $i \in X$, gdw. $m_i = 1$ und $\varphi(i, n_1, \ldots, n_p)$ wahr in $(\mathbb{N}; E)$ ist.

Wir zeigen $(\mathbb{N}; E) \models (Ers_\varphi)$ für ein beliebiges φ wie in (Ers_φ) wie folgt. Sei φ wie im zu φ gehörigen Ersetzungsaxiom gegeben. Seien $n_1, \ldots, n_p \in \mathbb{N}$ und sei $a \in \mathbb{N}$. Wir setzen also voraus, dass

$$(\mathbb{N}; E) \models \forall x \in a \exists y \forall y' (\varphi(x, y', n_1, \ldots, n_p) \leftrightarrow y = y') \,.$$

Sei $(\mathbb{N}; E) \models k \in a$, d. h. für die Dualdarstellung $a = \Sigma m_i \cdot 2^i$ von a gilt $m_k = 1$. Sei $l(k)$ das eindeutige l mit

$$(\mathbb{N}; E) \models \varphi(k, l, n_1, \ldots, n_p) \,.$$

Setze dann

$$b = \sum_{(\mathbb{N};E) \models k \in a} 2^{l(k)} \,.$$

Es ist leicht zu sehen, dass

$$(\mathbb{N}; E) \models \forall y(y \in b \leftrightarrow \exists x \in a \; \varphi) \,.$$

Wir zeigen $(\mathbb{N}; E) \models (AC)$ wie folgt.

Sei $n \in \mathbb{N}$. Sei $(\mathbb{N}; E) \models n \neq \emptyset$, d. h. für die Dualdarstellung $n = \Sigma m_i \cdot 2^i$ von n gilt, dass ein i mit $m_i = 1$ existiert. Für jedes i mit $m_i = 1$ sei $i = \Sigma m_{i,k} \cdot 2^k$ die Dualdarstellung von i. Unter der Voraussetzung

$$(\mathbb{N}; E) \models \forall y \in n \forall y' \in n(y \cap y' \neq \emptyset \leftrightarrow y = y')$$

gilt dann, dass aus $i \neq j$ mit $m_i = 1 = m_j$ folgt, dass für kein k gilt: $m_{i,k} = 1 = m_{j,k}$. Außerdem ist für alle i mit

$m_i = 1$ eines der $m_{i,k}$ gleich 1. Sei, für $m_i = 1$, $k(i)$ das kleinste k mit $m_{i,k} = 1$. Es ist dann leicht zu sehen, dass

$$\sum_{m_i=1} 2^{k(i)}$$

bezeugt, dass

$$(\mathbb{N}; E) \models \exists z \forall y \in n \exists u \; z \cap y = \{u\} \, .$$

$\square$

Sei $(\mathbb{N}; E) \models m = n + 1$, d. h. $(\mathbb{N}; E) \models m = n \cup \{n\}$. Dann gilt insbesondere $(\mathbb{N}; E) \models n \in m$, also ist $n < 2^n \leq m$. Damit kann $(\mathbb{N}; E)$ *nicht* das Unendlichkeitsaxiom erfüllen. Wir wollen nun umgekehrt nachvollziehen, dass auf der Basis von ZFC Objekte geformt werden können, deren Gesamtheit beweisbar (in ZFC) ein Modell von PA ist. Mit anderen Worten: So wie sich mit Hilfe mengentheoretischer Methoden aus den natürlichen Zahlen die ganzen, rationalen und reellen Zahlen produzieren ließen, so können mit denselben mengentheoretischen Methoden auch die natürlichen Zahlen selbst in einer Weise produziert werden, dass die grundlegenden Aussagen über sie beweisbar werden.

Die heute übliche Art und Weise, natürliche Zahlen als Mengen darzustellen, geht auf VON NEUMANN zurück. Die Idee ist sehr einfach. Für jedes $n \in \mathbb{N}$ gibt es genau n natürliche Zahlen, die kleiner als n sind, nämlich $0, 1, \ldots, n - 1$. Die Idee ist nun, die natürliche Zahl n mit der Menge $\{0, 1, \ldots, n - 1\}$ zu identifizieren. Damit erhält man

$$(*) \begin{cases} 0 = \emptyset, \\ 1 = \{\emptyset\}, \\ 2 = \{\emptyset, \{\emptyset\}\}, \\ 3 = \{\emptyset, \{\emptyset\}, \{\emptyset, \{\emptyset\}\}\}, \text{ usw.} \end{cases}$$

Mit dieser Idee gilt offenbar $m < n$ gdw. $m \in n$ für beliebige $m, n \in \mathbb{N}$. Allgemein ausgedrückt wollen wir 0 mit $\emptyset$ und $n+1$ mit $n \cup \{n\}$ identifizieren. (Diese Identifikationsvorschrift ist rekursiv: wenn wir n kennen, dann kennen wir auch $n+1 = n \cup \{n\}$.)

Wir wollen nun eine Menge und auf ihr eine Ordnungsrelation und Operationen präzise so definieren, dass wir für dieses „Modell" (analog zur Art und Weise, wie oben $\mathsf{ZFC}^{-\infty}$ im Modell $(\mathbb{N}, E)$ gezeigt wurde) die Gültigkeit von PA beweisen können. Die Menge sollte aus genau den Mengen der Gestalt $(*)$ bestehen. Hierzu ist es nützlich, den Begriff der „induktiven Menge" von Definition 3.1.6 zur Verfügung zu haben. Das Unendlichkeitsaxiom von ZFC besagt, dass es eine induktive Menge gibt. Wir schreiben im Folgenden weiterhin $x + 1$ für $x \cup \{x\}$, für beliebige Mengen x, und nennen $x+1$ den *Nachfolger von x*. Eine Menge A ist dann induktiv gdw. $\emptyset \in A$ und A unter der Nachfolgeroperation $x \mapsto x + 1$ abgeschlossen ist.

3.1.8   **Definition 3.1.8** Die Menge ω der VON-NEUMANN-*Zahlen* ist definiert als der Durchschnitt aller induktiven Mengen,

d. h.

$$x \in \omega \iff \forall A(A \text{ induktiv} \implies x \in A) . \qquad \Box$$

Die Existenz von ω ergibt sich mit Hilfe von (∞) und $(Aus_{\forall A(A \text{ induktiv} \to x \in A)})$ (siehe Problem 3.1.1 (f)).

Lemma 3.1.9 ω ist induktiv.   **3.1.9**

Beweis: Da $\emptyset$ in jeder induktiven Menge als Element enthalten ist, liegt $\emptyset$ auch in ω. Sei nun $x \in \omega$. Sei A eine induktive Menge. Dann gilt also $x \in A$, und damit auch $x+1 \in A$. Also ist $x+1$ in jeder induktiven Menge enthalten, und es gilt $x + 1 \in \omega$. Wir haben gezeigt, dass ω induktiv ist. $\qquad \Box$

Eine direkte Folge von Definition 3.1.8 ist:

Lemma 3.1.10 Sei $A \subset \omega$ induktiv. Dann gilt $A = \omega$.   **3.1.10**

Dies hat zur Konsequenz, dass für ω das (zweitstufige) Induktionsaxiom (und damit auch das erststufige Induktionsschema) gilt. Die Menge ω wurde gerade so definiert, dass für sie dieses Axiom zutrifft!

Es bleibt zu zeigen, dass auch die übrigen Aussagen von PA für ω gelten. Hierzu müssen wir natürlich jeweils zuerst erklären, wie wir $<, +, \cdot$ und die Exponentiation interpretieren wollen.

(Q1) ist offensichtlich: Für jedes x ist $x+1 = x \cup \{x\} \neq \emptyset$, da $x \in x \cup \{x\}$. Wir zeigen nun (Q2). Hierzu ist zu zeigen, dass für VON-NEUMANN-Zahlen x und y aus $x + 1 = x \cup \{x\} = y \cup \{y\} = y + 1$ folgt, dass $x = y$. Angenommen, es gilt $x \cup \{x\} = y \cup \{y\}$, aber $x \neq y$. Dann gilt zunächst $x \in y \cup \{y\}$, also sogar $x \in y$ (da $x \notin \{y\}$), und ebenso gilt $y \in x \cup \{x\}$, also sogar $y \in x$ (da $y \notin \{x\}$). Dies widerspricht aber dem Fundierungsaxiom (*Fund*). Betrachten wir nämlich die Menge $\{x, y\}$, so gilt sowohl $y \in x \cap \{x, y\}$ als auch $x \in y \cap \{x, y\}$, so dass $\{x, y\}$ kein $\in$-minimales Element besitzt. Dieser Widerspruch zeigt, dass aus $x + 1 = y + 1$ bereits $x = y$ folgen muss.

Die Aussagen (Q3)–(Q8) sind einfach zu zeigen, wenn wir die Interpretation von $+, \cdot$ und der Exponentiation für VON-NEUMANN-Zahlen so festlegen, wie dies durch (Q3)–(Q8) verlangt wird. (Siehe Problem 3.1.3.)

Für VON-NEUMANN-Zahlen x und y wollen wir $x < y$ durch $x \in y$ interpretieren (siehe oben).

Wir zeigen jetzt (Q9). Sei zunächst $x < y + 1$, d. h. $x \in y \cup \{y\}$. Dann gilt offenbar $x \in y$, d. h. $x < y$, oder $x \in \{y\}$, d. h. $x = y$. Umgekehrt folgt aus $x < y$ oder $x = y$ ebenso leicht $x < y + 1$. Die Gültigkeit von (Q10) ist klar, da $x \notin \emptyset$ für alle x.

Um schließlich (Q11) zu beweisen, müssen wir das folgende Lemma zeigen.

3.1.11   **Lemma 3.1.11** Seien x, y VON-NEUMANN-Zahlen. Dann gilt $x \in y$ oder $x = y$ oder $y \in x$.

Beweis: Der Beweis erfolgt durch doppelte Induktion. Wir zeigen, dass

$$A = \{x \in \omega : \forall y \in \omega (x \in y \vee x = y \vee y \in x)\}$$

induktiv ist. Dann gilt wegen Lemma 3.1.10, dass $A = \omega$ und damit für alle $x \in \omega$ und $y \in \omega$, dass $x \in y$ oder $x = y$ oder $y \in x$.

Behauptung 1: $\emptyset \in A$.

Hierzu ist wegen Lemma 3.1.10 zu zeigen, dass

$$B = \{y \in \omega : \emptyset \in y \vee \emptyset = y \vee y \in \emptyset\}$$

induktiv ist. Dies lässt sich aber sehr leicht nachrechnen.

Behauptung 2: Aus $x \in A$ folgt $x + 1 \in A$.

Sei $x \in A$. Wegen Lemma 3.1.10 genügt es zu zeigen, dass

$$C = \{y \in \omega : x + 1 \in y \vee x + 1 = y \vee y \in x + 1\}$$

induktiv ist.

Da B aus Behauptung 1 induktiv ist (d. h. $B = \omega$), gilt zunächst $\emptyset \in z + 1$ für alle $z \in \omega$. Damit haben wir zunächst $\emptyset \in C$.

Sei nun $y \in C$. Dann gilt

(1) $x + 1 \in y$ oder $x + 1 = y$ oder $y \in x + 1$.

Wegen $x \in A$ gilt außerdem

(2) $x \in y + 1$ oder $x = y + 1$ oder $y + 1 \in x$.

Aus $x+1 \in y$ oder $x+1 = y$ folgt $x+1 \in y+1 = y\cup\{y\}$, und ebenso folgt aus $x = y+1$ oder $y+1 \in x$, dass $y+1 \in x+1 = x\cup\{x\}$. Wenn also weder $x+1 \in y+1$ noch $y+1 \in x+1$ gilt, dann haben wir wegen (1) $y \in x + 1 = x \cup \{x\}$ und wegen (2) $x \in y + 1 = y \cup \{y\}$. Falls dann zusätzlich $x + 1 \neq y + 1$ (d. h. $x \neq y!$) gilt, dann haben wir sogar $y \in x$ und $x \in y$. Dies widerspricht wie oben dem Fundierungsaxiom (*Fund*). Wir haben gezeigt, dass $y + 1 \in C$. Dies beweist die Behauptung 2 und damit das Lemma. $\square$

Wir werden im folgenden ω mit $\mathbb{N}$ identifizieren.

Nachdem nun $\mathbb{N} = \omega$ auf der Basis von ZFC mengentheoretisch konstruiert wurde und PA für ω gezeigt werden konnte, ist aufgrund des in den Abschnitten 2.1 und 2.2 geleisteten nunmehr klar, dass auch die ganzen, rationalen und reellen Zahlen auf der Basis von ZFC mengentheoretisch konstruiert werden können und insbesondere die in Abschnitt 2.3 formulierten Axiome für die reellen Zahlen in ZFC bewiesen werden können.

Die Sprache, in der ZFC formuliert ist, hat neben den allgemeinen logischen Symbolen (siehe Abschnitt 1.2) und Variablen $x, y, z, \ldots$ für *Mengen* ein zweistelliges Prädikatssymbol $\in$ für „ist Element von". Ähnlich wie im Falle von PA oder VGK hätten wir auch ZFC so formulieren können, dass neben Variablen für Mengen auch Variablen für beliebige Kollektionen von Mengen, die üblicherweise *Klassen* genannt werden, zugelassen werden. Dies hätte zu vereinfachten Formulierungen des Aussonderungsschemas und des Ersetzungsschemas geführt. Allerdings wären dann wie

im Falle von PA und VGK *Klassenexistenzaxiome* erforderlich, damit die neuen Formulierungen von Aussonderung
und Ersetzung zur Wirkung kommen.

Wir reden hier mit Bedacht von „Klassen" und nicht von
„Mengen". Beliebige Gesamtheiten natürlicher Zahlen sind
Mengen (so hatten wir diese auch in Abschnitt 1.2 angesprochen) und beliebige Gesamtheiten reeller Zahlen sind
ebenfalls Mengen (und so hatten wir diese in Abschnitt 2.3
angesprochen). Wir haben aber anläßlich der Diskussion der
Cantorschen und der Russellschen „Antinomien" gesehen,
dass nicht jede Gesamtheit von Mengen wieder eine Menge sein kann, da z. B. die Gesamtheit *aller* Mengen keine
Menge ist. Beliebige derartige Gesamtheiten (oder Kollektionen) werden nun eben als „Klassen" bezeichnet. Es gibt
Klassen, wie etwa die Klasse aller Mengen, die selbst keine
Mengen sind; derartige Klassen heißen *echte Klassen*.

Ein anderes Beispiel für eine echte Klasse ist die Klasse aller Gruppen. Wäre die Klasse aller Gruppen eine Menge,
so gäbe es auch die Menge aller Gruppen mit *einem* Element, und daraus könnte man dann sehr leicht die Menge
aller Mengen formen. (Wir verwenden hier, dass wir für eine beliebige Menge x trivial $\{x\}$ als [„Trägermenge" einer]
Gruppe G auffassen können, indem wir x als das neutrale
und einzige Element von G auffassen.)

In vielen Überlegungen hätte man aber gerne etwa die
„Menge" aller Gruppen (oder aller Körper, aller Vektor-
räume, aller topologischen Räume, …) zur Verfügung. Derartige Mengen, die tatsächlich Mengen sind und gleichzeitig
Substitute für die Klasse aller Mengen eines bestimmten

Typs, erhält man, indem man die Existenz von GROTHEN-
DIECK-Universen fordert.

Ein GROTHENDIECK-Universum ist eine Menge U, die unter
den Operationen von ZFC (also Paarmengen-, Vereinigungs-
mengen-, Potenzmengenbildung und Aussonderung und Ersetzung) abgeschlossen ist und gleichzeitig die Menge ω der
natürlichen Zahlen als Element enthält.

3.1.12   **Definition 3.1.12** Sei U eine nichtleere Menge. Dann heißt
U ein GROTHENDIECK–*Universum* gdw. folgende Aussagen
gelten.

(1) Aus $x \in U$ folgt $x \subset U$,
(2) aus $x, y \in U$ folgt $\{x, y\} \in U$,
(3) aus $x \in U$ folgt $\bigcup x \in U$,
(4) aus $x \in U$ folgt $\mathcal{P}(x) \in U$,
(5) aus $I \in U$ und $\{x_i : i \in I\} \subset U$ folgt $\{x_i : i \in I\} \in U$,
     und
(6) $\omega \in U$.   □

Aus einem gegebenen GROTHENDIECK-Universum U läßt
sich z. B. die Menge aller Gruppen aus U aussondern, die für
viele Zwecke ein hilfreicher Ersatz für die (nichtexistente)
Menge *aller* Gruppen ist.

Besitzt ZFC ein Modell? Oben wurde bewiesen, dass sich
aus den natürlichen Zahlen ein Modell von $\mathsf{ZFC}^{-\infty}$ gestal-
ten läßt. Problem 3.1.8 zeigt, dass GROTHENDIECK-Univer-
sen Modelle von ZFC sind. Natürlich ist diese Situation unbefriedigend: Wir haben ZFC benutzt, um die natürlichen

Zahlen zu konstruieren, und wir haben die natürlichen Zahlen benutzt, um die Existenz eines Modells des Ausschnitts $\mathsf{ZFC}^{-\infty}$ von ZFC zu zeigen. (Man kann übrigens zeigen, dass die Theorien PA und $\mathsf{ZFC}^{-\infty}$ ineinander übersetzt werden können; eine der beiden Richtungen hierzu wurde oben abgearbeitet.) Der Zweite GÖDELsche Unvollständigkeitssatz besagt nun in der Tat, dass wir uns nicht mehr erhoffen können: ein System wie ZFC (und übrigens bereits PA) kann nicht von sich selbst zeigen, dass es ein Modell besitzt, und insbesondere kann in ZFC nicht die Existenz eines GROTHENDIECK-Universums bewiesen werden. Wir werden im Abschnitt 4.4 (siehe Satz 4.4.1) eine vereinfachte Version des Ersten GÖDELschen Unvollständigkeitssatzes beweisen. Die Unvollständigkeitssätze werden ausführlich z. B. in [4] und [10] diskutiert.

Problem 3.1.1 ° Seien x und y Mengen. Zeigen Sie in ZFC die Existenz der folgenden Mengen. (Außer für (f) wird allerdings jeweils nur $\mathsf{ZFC}^{-\infty}$ anstelle von ZFC für die Existenzbeweise benötigt.)   **3.1.1**

(a) (x, y)
(b) $x \cup y$
(c) $x \times y$
(d) $x \cap y$
(e) ${}^{x}y = \{f : f \text{ ist Funktion von } x \text{ nach } y\}$
(f) ω
(g) $\bigcup_{x \in \omega} F(x)$, wobei für eine Formel φ wie in $(Ers)_{\varphi}$ für jedes $x \in \omega$ die Menge $F(x)$ das eindeutige y sei, welches φ erfüllt.

(h) $\bigcup_{x \in a} F(x) = \{u \colon \exists x \in a \; u \in F(x)\}$, wobei für eine Formel φ wie in $(Ers)_\varphi$ für jedes $x \in a$ die Menge $F(x)$ das eindeutige y sei, welches φ erfüllt.

3.1.2   **Problem 3.1.2** Sei E die oben definierte zweistellige Relation auf $\mathbb{N}$. Definieren Sie

$$e(n) = \{e(m) \colon mEn\}$$

für alle $n \in \mathbb{N}$. Sei $W = \{e(n) \colon n \in \mathbb{N}\}$. Zeigen Sie, dass $e \colon \mathbb{N} \to W$ injektiv ist. Für welche $n \in \mathbb{N}$ gilt $e(n) \in \omega$?

3.1.3   **Problem 3.1.3** Definieren Sie die Interpretationen von $+$, $\cdot$ und der Exponentiation für die VON NEUMANN-Zahlen so, dass Sie dann die Axiome (Q3)–(Q8) von PA zeigen können.

3.1.4   **Problem 3.1.4** Seien A und B beliebige Mengen, und sei F eine Menge von Funktionen, wobei für f, $g \in F$ gelte: der Urbildbereich von f ist eine Teilmenge von A, der Wertebereich von f ist eine Teilmenge von B, und $f(x) = g(x)$ für alle x, die sowohl im Urbildbereich von f als auch im Urbildbereich von g liegen. Zeigen Sie: $\bigcup F$ ist dann wieder eine Funktion, wobei der Urbildbereich von $\bigcup F$ eine Teilmenge von A und der Wertebereich von $\bigcup F$ eine Teilmenge von B ist.

3.1.5   **Problem 3.1.5** * Eine Menge α heißt eine *Ordinalzahl* gdw. (a) für alle $x \in \alpha$ gilt, dass $x \subset \alpha$ und (b) die Relation $\in \restriction \alpha = \{(x, y) \in \alpha \times \alpha \colon x \in y\}$ eine lineare Ordnung auf α ist. Zeigen Sie:

(a) $\emptyset$ ist eine Ordinalzahl.

(b) Wenn α eine Ordinalzahl ist, dann ist auch $\alpha + 1$ eine Or-
    dinalzahl.

(c) Jedes $n \in \omega$ ist eine Ordinalzahl.

(d) ω ist eine Ordinalzahl.

(e) Sei A eine Menge von Ordinalzahlen. Dann ist auch $\bigcup A$
    eine Ordinalzahl.

(f) Es gibt eine Ordinalzahl α, so dass $\omega \in \alpha$ und für jedes
    $x \in \alpha$ auch $x + 1$ in α liegt. (Hinweis: Für $n \in \omega$ sei $x + n$
    definiert durch: $x + 0 = x$ und $x + (n + 1) = (x + n) + 1$.
    Zeigen Sie zunächst mit Hilfe des Ersetzungsschemas, dass
    $\{\omega + n : n \in \omega\}$ eine Menge ist.)

(g) Wenn α eine Ordinalzahl ist und $x \in \alpha$ gilt, dann ist auch
    x eine Ordinalzahl.

Problem 3.1.6 * Eine Ordinalzahl α heißt *Nachfolgerordinalzahl*   **3.1.6**
gdw. $\alpha = \beta + 1$ für eine Ordinalzahl β gilt. Eine Ordinalzahl α
heißt *Limesordinalzahl* gdw. $\alpha = \bigcup \alpha$ gilt.

Sei γ eine Ordinalzahl. Zeigen Sie, dass jedes $\alpha \in \gamma$ entweder
Nachfolgerordinalzahl oder Limesordinalzahl ist. (Hinweis: Betrachten Sie andernfalls das $\in$-minimale Element der Menge aller
$\alpha \in \gamma$, die weder Nachfolger– noch Limesordinalzahlen sind und
wenden (*Fund*) an.)

Problem 3.1.7 * Seien α und γ Ordinalzahlen. Wir definieren,   **3.1.7**
für $\beta \in \gamma$, $\alpha + \beta$, $\alpha \cdot \beta$ und α^β wie folgt. $\alpha + 0 = \alpha$, $\alpha + \beta = (\alpha + \bar{\beta}) + 1$, falls $\beta = \bar{\beta} + 1$, $\alpha + \beta = \bigcup_{\bar{\beta}<\beta} \alpha + \bar{\beta}$, falls β
Limesordinalzahl ist. $\alpha \cdot 0 = 0$, $\alpha \cdot \beta = (\alpha \cdot \bar{\beta}) + \alpha$, falls $\beta = \bar{\beta}+1$,
$\alpha \cdot \beta = \bigcup_{\bar{\beta}<\beta} \alpha \cdot \bar{\beta}$, falls β Limesordinalzahl ist. $\alpha^0 = 1$, $\alpha^\beta = (\alpha^{\bar{\beta}}) \cdot \alpha$, falls $\beta = \bar{\beta}+1$, $\alpha^\beta = \bigcup_{\bar{\beta}<\beta} \alpha^{\bar{\beta}}$, falls β Limesordinalzahl
ist.

Zeigen Sie, dass diese Operationen wohldefiniert sind. Zeigen Sie auch die Gültigkeit der folgenden Aussagen. Dabei sei γ hinreichend „gross", so dass die Operationen erklärt seien.

(a) $\omega + \omega < \omega \cdot \omega < \omega^\omega < (\omega^\omega)^\omega$.

(b) $\omega + 1 \neq 1 + \omega$.

(c) $\omega \cdot 2 \neq 2 \cdot \omega$.

(d) Es gibt einen Ordnungshomomorphismus

$$\varphi \colon ((\omega^\omega)^\omega; \in \upharpoonright ((\omega^\omega)^\omega)) \to (\mathbb{Q}; <) \,,$$

wobei $<$ die natürliche Ordnung auf $\mathbb{Q}$ ist.

3.1.8   **Problem 3.1.8**   Sei U ein GROTHENDIECK-Universum. Sei E_U definiert als $\in \upharpoonright U = \{(x,y) \in U \times U \colon x \in y\}$. Zeigen Sie, dass dann jede Aussage von ZFC wahr in $(U; E_U)$ ist.

3.2 Das Auswahlaxiom

Sei M eine beliebige Menge. Eine *Auswahlfunktion für M* ist eine Funktion f mit Urbildbereich M, so dass für alle $x \in M$ gilt: $f(x) \in x$. Wenn $\emptyset \in M$, dann kann es offenbar keine Auswahlfunktion f für M geben, da $f(\emptyset) \in \emptyset$ gelten müsste.

Definition 3.2.1   Das *Auswahlaxiom* besagt, dass es zu jedem $M \neq \emptyset$ mit $\emptyset \notin M$ ein f gibt, so dass f Auswahlfunktion für M ist.   □

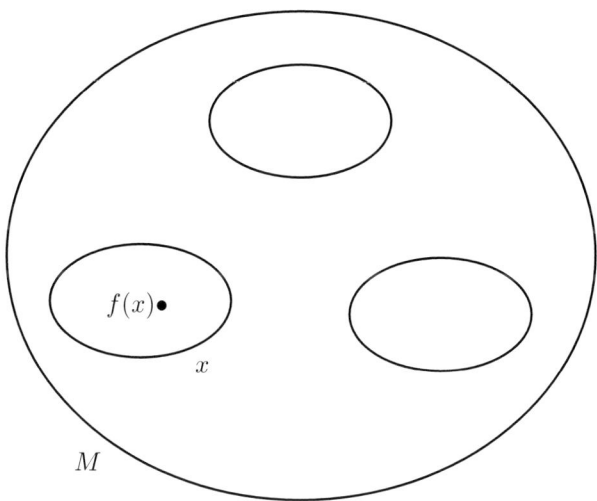

Diese Formulierung unterscheidet sich von der in Abschnitt 3.1 gegebenen Formulierung von (AC). Lemma 3.2.3 besagt jedoch, dass diese beiden Formulierungen äquivalent sind. Wir beweisen aber zunächst endlich das Lemma 1.1.3.

3.2.2

Lemma 3.2.2 Seien A und B nichtleere Mengen. Wenn es eine Surjektion $f\colon A \to B$ gibt, dann existiert auch eine Injektion $g\colon B \to A$.

Beweis: Sei $f\colon A \to B$ surjektiv, wobei $B \neq \emptyset$ vorausgesetzt werde. Für jedes $y \in B$ sei $f^{-1}[\{y\}] = \{x \in A\colon f(x) = y\}$ (vgl. Problem 1.1.3). Da f surjektiv ist, gilt $f^{-1}[\{y\}] \neq \emptyset$ für jedes $y \in B$. Sei φ Auswahlfunktion für die Menge

$$\{f^{-1}[\{y\}]\colon y \in B\}\,.$$

Sei $g\colon B \to A$ diejenige Funktion, die $y \in B$ nach $\varphi(f^{-1}[\{y\}])$ sendet. Da $f(\varphi(f^{-1}[\{y\}])) = y$ für alle $y \in B$ ist g injektiv. $\qquad\square$

Wir betrachten in diesem Abschnitt Äquivalenzen zum und Folgerungen aus dem Auswahlaxiom.

3.2.3

Lemma 3.2.3 Das Auswahlaxiom in der Formulierung von Definition 3.2.1 ist äquivalent zur Aussage (AC) aus Abschnitt 3.1, wobei wir (AC) nun wie folgt aufschreiben. $(*)$ Sei N eine beliebige Menge mit $N \neq \emptyset$ und $\emptyset \notin N$, so dass $x \cap y = \emptyset$ für $x, y \in N, x \neq y$ gilt (d. h. je zwei verschiedene Elemente von N sind disjunkt zueinander). Dann gibt es eine Menge A, die aus Elementen von Elementen von N

besteht, so dass für jedes $x \in N$ genau ein $y \in A$ mit $y \in x$ existiert.

Beweis: Sei zunächst $M \neq \emptyset$ mit $\emptyset \notin M$ gegeben. Mit Hilfe von $(*)$ konstruieren wir eine Auswahlfunktion für M. Hierzu definieren wir eine Menge N wie folgt: N besteht aus allen Mengen der Gestalt

$$\{(x, z) \colon z \in x\},$$

wobei $x \in M$. Sei dann A wie in $(*)$. Dann gibt es für jedes $x \in M$ genau ein z, so dass $(x, z) \in A$ (und damit auch $z \in x$) ist. Mit anderen Worten: A ist eine Funktion mit Definitionsbereich M und $A(x) \in x$ für alle $x \in M$.

Sei nun das Auswahlaxiom in der Formulierung von Definition 3.2.1 als gültig vorausgesetzt, und sei N wie in $(*)$ gegeben. Sei f eine Auswahlfunktion für N. Dann erkennt man unschwer, dass der Wertebereich von f die Gültigkeit von $(*)$ für N bezeugt. □

In der Aussage von Lemma 3.2.3 und auch im Folgenden bedeutet die behauptete Äquivalenz, dass diese sich in ZFC *ohne* das Auswahlaxiom (AC) zeigen läßt.

Wir wollen nun den Satz von ZERMELO zeigen, wonach das Auswahlaxiom den Wohlordnungssatz impliziert. Wohlordnungen sind Verallgemeinerungen der natürlichen Ordnung auf $\mathbb{N}$.

Definition 3.2.4   Sei M eine Menge, und sei $R \subset M \times M$ eine zweistellige Relation auf M. Dann heißt R *fundiert*   **3.2.4**

gdw. jedes nichtleere $A \subset M$ ein R-*minimales* Element besitzt, d.h. es gibt ein $z \in A$, so dass für alle $y \in A$ gilt: $\neg yRz$ (d.h. $(y, z) \notin R$). $\qquad\square$

Das Fundierungsaxiom (*Fund*) von ZFC besagt, dass für beliebiges M die Relation $\in\!\upharpoonright M$ auf M eine fundierte Relation ist.

Für fundierte Relationen gilt ein „Induktionsprinzip" analog zum Induktionsaxiom für die Menge natürlicher Zahlen; siehe Problem 3.2.4.

3.2.5   **Definition 3.2.5** Sei M eine Menge. Eine lineare Ordnung $<$ auf M heißt eine *Wohlordnung* gdw. $<$ fundiert ist. $\qquad\square$

Beispielsweise ist die natürliche Ordnung auf $\mathbb{N}$ eine Wohlordnung. Andererseits ist die natürliche Ordnung auf $\mathbb{Z}$ keine Wohlordnung.

Wenn $<$ eine Wohlordnung auf einer Menge M ist und wenn $A \subset M$ nichtleer ist, dann gilt für jedes $<$-minimale $z \in A$, dass $z \leq y$ für alle $y \in A$, da $<$ linear ist. Insbesondere ist das $<$-minimale $z \in A$ eindeutig.

3.2.6   **Lemma 3.2.6** Sei $<$ eine Wohlordnung auf M. Es gibt dann keine Folge $(x_n : n \in \mathbb{N})$ von Elementen x_n von M, so dass $x_{n+1} < x_n$ für alle $x \in \mathbb{N}$.

Beweis: Angenommen, es gibt eine Folge $(x_n : n \in \mathbb{N})$ mit $x_{n+1} < x_n$ für alle $n \in \mathbb{N}$. Betrachte $A = \{x_n : n \in \mathbb{N}\} \subset$

M. Da $<$ eine Wohlordnung ist, gibt es ein $x \in A$, so dass $x < y$ für alle $y \in A$ mit $y \neq x$. Es ist aber $x = x_n$ für ein $n \in \mathbb{N}$ und $x_{n+1} < x_n$, wobei $x_{n+1} \in A$. Widerspruch! □

Mit Hilfe des Auswahlaxioms lässt sich zeigen, dass eine lineare Ordnung $<$ auf einer Menge M genau dann eine Wohlordnung ist, wenn es keine Folge $(x_n \colon n \in \mathbb{N})$ von Elementen von M mit $x_{n+1} < x_n$ für alle $n \in \mathbb{N}$ gibt (siehe Problem 3.2.1).

Definition 3.2.7 Sei M eine Menge und sei $<$ eine Wohlordnung auf M. Dann heißt A ein *Anfangsstück von M* bzgl. $<$ gdw. für jedes $x \in A$ und jedes $y < x$ auch $y \in A$ ist. □

3.2.7

Lemma 3.2.8 Sei $<$ eine Wohlordnung auf M und sei A ein Anfangsstück von M (bzgl. $<$). Dann gilt entweder $A = M$ oder es gibt ein $x \in M$, so dass $A = \{y \in M : y < x\}$.

3.2.8

Beweis: Wenn $A \neq M$, dann sei x das $<$-minimale Element von $M \setminus A$. Man sieht dann leicht, dass dann $A = \{y \in M : y < x\}$. □

Lemma 3.2.9 Sei $<$ eine Wohlordnung auf einer Menge M. Dann gibt es kein Anfangsstück $A \neq M$ von M, so dass ein Ordnungsisomorphismus

3.2.9

$$\varphi \colon (M, <) \cong (A, < \!\restriction A)$$

existiert.

Beweis: Der Beweis variiert das Argument von Problem 1.1.4. Wäre die Aussage von Lemma 3.2.9 unzutreffend, dann gäbe es nach Lemma 3.2.8 ein $x \in M$ mit $A = \{y \in M : y < x\}$, so dass für alle $y \geq x$ gilt: $\varphi(y) < y$. Sei y_0 $<$-minimal in $\{y \in M : \varphi(y) < y\}$. Dann gilt, da φ ordnungstreu ist, auch

$$\varphi(\varphi(y_0)) < \varphi(y_0) .$$

Aber $\varphi(y_0) < y_0$, und wir haben einen Widerspruch zur Wahl von y_0.   □

3.2.10   **Lemma 3.2.10** Sei $<$ eine Wohlordnung auf M, und sei $<^*$ eine Wohlordnung auf N. Dann gilt genau eine der folgenden drei Aussagen:

(1) Es gibt einen Ordnungsisomorphismus $\varphi \colon (M, <) \cong (N, <^*)$.

(2) Es gibt ein Anfangsstück $A \subsetneq M$ von M und einen Ordnungsisomorphismus $\varphi \colon (A, < \restriction A) \cong (N, <^*)$.

(3) Es gibt ein Anfangsstück $B \subsetneq N$ von N und einen Ordnungsisomorphismus $\varphi \colon (M, <) \cong (B, <^* \restriction B)$.

Beweis: Wir zeigen zunächst die folgende

Behauptung: Seien A, A' Anfangsstücke von M, seien B, B' Anfangsstücke von N, und seien $\varphi \colon (A, < \restriction A) \cong (B, <^* \restriction B), \varphi' \colon (A', < \restriction A') \cong (B', <^* \restriction B')$ Ordnungsisomorphismen. Dann sind φ und φ' „verträglich", d. h. für jedes $x \in A \cap A'$ gilt $\varphi(x) = \varphi'(x)$.

Beweis der Behauptung: Angenommen, es gibt ein $x \in A \cap A'$ mit $\varphi(x) \neq \varphi'(x)$. Sei x_0 $<$-minimal in $A \cap A'$ mit $\varphi(x_0) \neq \varphi'(x_0)$. Da φ Ordnungsisomorphismus ist, muss aber $\varphi(x_0)$ das $<^*$-minimale Element von $N \setminus \{\varphi(y) : y < x_0\}$ sein. Andernfalls sei $z \in N \setminus \{\varphi(y) : y < x_0\}$ mit $z < \varphi(x_0)$. Da $z < \varphi(x_0) \in B$, gilt auch $z \in B$ und es gibt ein $x \in A$ mit $\varphi(x) = z$. Offensichtlich ist $x \neq x_0$. Da $\varphi(x) = z \notin \{\varphi(y) : y < x_0\}$, gilt also $x_0 < x$. Aber $\varphi(x) = z < \varphi(x_0)$. Widerspruch!

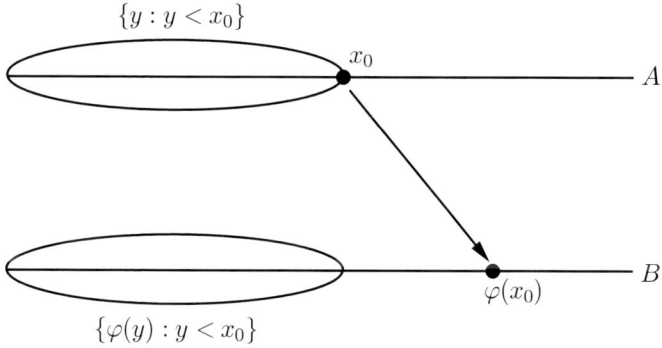

Analog folgt daraus, dass φ' Ordnungsisomorphismus ist, dass $\varphi'(x_0)$ das $<^*$-minimale Element von $N \setminus \{\varphi'(y) : y < x_0\}$ ist.

Auf Grund der Wahl von x_0 gilt aber $\{\varphi(y) : y < x_0\} = \{\varphi'(y) : y < x_0\}$, und damit gilt $\varphi(x_0) = \varphi'(x_0)$. Widerspruch!

Wir beweisen nun Lemma 3.2.10. Wir betrachten hierzu die Vereinigung aller φ, für die es Anfangsstücke A von M und B von N gibt, so dass $\varphi\colon (A, <\!\restriction A) \cong (B, <^*\!\restriction B)$ ein Ordnungsisomorphismus ist. Wegen obiger Behauptung sind je zwei derartige φ verträglich, und man erkennt unschwer (siehe Problem 3.1.4), dass diese Vereinigung selbst wiederum eine Abbildung $\tilde{\varphi}$ ist, für die es Anfangsstücke $\tilde{A}$ von M und $\tilde{B}$ von N gibt, so dass $\tilde{\varphi}\colon (\tilde{A}, <\!\restriction \tilde{A}) \cong (\tilde{B}, <\!\restriction \tilde{B})$ ein Ordnungsisomorphismus ist.

Es muss aber $\tilde{A} = M$ oder $\tilde{B} = N$ gelten. Andernfalls sei nämlich x_0 $<$-minimal in $M\setminus\tilde{A}$ und y_0 $<^*$-minimal in $N\setminus\tilde{B}$. Dann ist auch $\tilde{\varphi} \cup \{(x_0, y_0)\}$ ein Ordnungsisomorphismus von $\tilde{A}\cup\{x_0\}$ auf $\tilde{B}\cup\{y_0\}$, wobei $\tilde{A}\cup\{x_0\}$ Anfangsstück von M und $\tilde{B}\cup\{y_0\}$ Anfangsstück von N ist. Dies widerspräche aber der Definition von $\tilde{\varphi}$. $\qquad\square$

Der folgende Satz wird als *Wohlordnungssatz* bezeichnet.

3.2.11 **Satz 3.2.11 (Zermelo)** Unter Voraussetzung des Auswahl-axioms gibt es für jede Menge M eine Wohlordnung $<$ auf M.

Beweis: Wir betrachten zunächst die Menge P der nicht-leeren Teilmengen von M, d. h.

$$P = \{A \subset M : A \neq \emptyset\} = \mathcal{P}(M) \setminus \{\emptyset\}\,.$$

Mit Hilfe des Auswahlaxioms finden wir eine Auswahlfunktion für P, d. h. eine Funktion $f\colon P \to M$, so dass $f(A) \in A$ für alle $A \in P$.

Sei nun $A \subset M$ und $<$ eine Wohlordnung auf A. Dann heißt $(A, <)$ *verträglich mit f* gdw. für alle $x \in A$ gilt:

$$x = f(M \setminus \{y \in A \colon y < x\}).$$

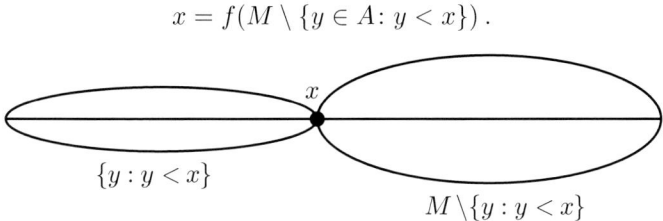

$$\{y : y < x\}$$

$$M \setminus \{y : y < x\}$$

Behauptung: Seien $A, B \in P$ und seien $(A, <), (B, <^*)$ verträglich mit f. Dann gibt es ein Anfangsstück $\overline{A}$ von A mit $\overline{A} = B$ und $< \restriction \overline{A} = <^*$ oder es gibt ein Anfangsstück $\overline{B}$ von B mit $\overline{B} = A$ und $<^* \restriction \overline{B} = <$.

Beweis der Behauptung: Nach Lemma 3.2.10 existiert zunächst einen Ordnungsisomorphismus $\varphi \colon (\overline{A}, < \restriction \overline{A}) \cong (B, <^*)$, wobei $\overline{A}$ Anfangsstück von A ist, oder ein Ordnungsisomorphismus $\varphi \colon (A, <) \cong (\overline{B}, <^* \restriction \overline{B})$, wobei $\overline{B}$ Anfangsstück von B ist. Angenommen, ersteres ist der Fall. Wäre φ nicht die Identität, dann gibt es ein $(< \restriction \overline{A})$-kleinstes Element x_0 von $\overline{A}$ mit $\varphi(x_0) \neq x_0$. Es gilt dann aber $\{y \in \overline{A} \colon y < x_0\} = \{y \in B \colon y <^* \varphi(x_0)\}$ (vgl. Beweis von Lemma 3.2.10), also aufgrund der jeweiligen Verträglichkeit von $<$ bzw. $<^*$ mit f:

$$\begin{aligned} x_0 &= f(M \setminus \{y \in \overline{A} \colon y < x_0\}) \\ &= f(M \setminus \{y \in B \colon y <^* \varphi(x_0)\}) = \varphi(x_0). \end{aligned}$$

Widerspruch! Also ist $\overline{A} = B$ und $< \restriction \overline{A} = <^*$. Genauso argumentiert man im zweiten Fall und bekommt $\overline{B} = A$ und $<^* \restriction \overline{B} = <$.

Sei nun A_0 die Vereinigung aller $A \subset M$, so dass es eine Wohlordnung $<_A$ auf A gibt, welche mit f verträglich ist, und sei $<$ die Vereinigung aller $<_A$, wobei $<_A$ Wohlordnung auf einem $A \subset M$ ist, welche mit f verträglich ist. Aufgrund der obigen Behauptung gilt folgendes: Sei $x \in A_0$; dann gilt für alle $A \subset M$ mit $x \in A$ und für alle Wohlordnungen $<_A$ auf A, welche mit f verträglich sind, dass

$(**)$ $\quad < \restriction \{y \in A_0 : y < x\} = <_A \restriction \{y \in A : y <_A x\}.$

Daraus folgt sofort, dass $<$ eine lineare Ordnung auf A_0 ist. Darüberhinaus folgt auch, dass $<$ eine Wohlordnung auf A_0 ist. Sei nämlich $B \subset A_0$ nichtleer. Sei $x \in B$, und seien $A \subset M$ und $<_A$ so, dass $x \in A$ und $<_A$ eine Wohlordnung auf A ist, welche mit f verträglich ist. Dann ist entweder x bereits $<$-minimal in B, oder es gilt

$$\emptyset \neq \{y \in B : y < x\} = \{y \in B : y <_A x\}$$

wegen $(**)$ und das $<_A$-minimale Element in $\{y \in B : y <_A x\}$ ist auch $<$-minimal in $\{y \in B : y < x\}$.
Es gilt nun aber $A_0 = M$. Ansonsten sei nämlich $x_0 = f(M \setminus A_0)$. Dann ist $< \cup \{(y, x_0) : y \in A_0\}$, d. h. die lineare Ordnung auf $A_0 \cup \{x_0\}$, die aus $<$ entsteht, indem x_0 als größtes Element angehängt wird, eine Wohlordnung auf

$A_0 \cup \{x_0\}$, woraus nach Definition von A_0 gilt, dass $x_0 \in A$. Das ist aber absurd! □

Umgekehrt ist folgende Aussage sehr einfach zu zeigen:

Satz 3.2.12 Angenommen, zu jeder Menge A existiert eine Wohlordnung auf A. Dann gilt das Auswahlaxiom.

3.2.12

Beweis: Sei $M \neq \emptyset$ mit $\emptyset \notin M$ gegeben. Wir betrachten

$$A = \bigcup M = \{x \colon \exists y (y \in M \wedge x \in y)\}.$$

Sei $<$ eine Wohlordnung auf A. Wir können dann eine Auswahlfunktion f für M sehr leicht wie folgt definieren: Für $x \in M$ sei $f(x)$ das $<$-minimale Element von $x \subset A$. □

Es gibt eine ganze Reihe weiterer und wichtiger Äquivalenzen zum Auswahlaxiom. Prominent ist etwa das ZORNsche Lemma (siehe Problem 3.2.2), das allerdings oft (meistens?) in der Form des „HAUSDORFFschen Maximalitätsprinzips" benutzt wird.

Definition 3.2.13 Das HAUSDORFF*sche Maximalitätsprinzip* ist die folgende Aussage. Sei F eine beliebige Menge, und sei $\mathcal{F}$ eine Menge von Teilmengen von F. Angenommen, es gilt Folgendes: für alle $\overline{\mathcal{F}} \subset \mathcal{F}$, so dass $X \subset Y$ oder $Y \subset X$ für beliebige $X, Y \in \overline{\mathcal{F}}$, ist auch $\bigcup \overline{\mathcal{F}} = \{a \in F \colon a \in X$ für ein $X \in \overline{\mathcal{F}}\}$ Element von $\mathcal{F}$. Dann existiert ein $X_{\max} \in \mathcal{F}$, so dass keine echte Obermenge von $X_{\max}$ ebenfalls ein Element von $\mathcal{F}$ ist. □

3.2.13

3.2.14

Satz 3.2.14 Das HAUSDORFFsche Maximalitätsprinzip ist äquivalent zum Auswahlaxiom.

Beweis: Zunächst ergibt sich aus dem HAUSDORFFschen Maximalitätsprinzip sehr leicht das Auswahlaxiom. Sei $M \neq \emptyset$ mit $\emptyset \notin M$ gegeben. Sei $\mathcal{F}$ die Menge aller Auswahlfunktionen für Teilmengen von M. Es ist unschwer erkennbar, dass $\mathcal{F}$ dann die Voraussetzung des HAUSDORFFschen Maximalitätsprinzips erfüllt. Jedes $X_{\max} \in \mathcal{F}$, für das keine echte Obermenge von $X_{\max}$, die ebenfalls Element von $\mathcal{F}$ ist, existiert, ist dann eine Auswahlfunktion für M selbst.

Umgekehrt folgt aber aus dem Auswahlaxiom das HAUSDORFFschen Maximalitätsprinzip wie folgt. Seien hierzu F und $\mathcal{F}$ wie im HAUSDORFFschen Maximalitätsprinzip gegeben.

Ein $\overline{\mathcal{F}} \subset \mathcal{F}$, so dass $X \subset Y$ oder $Y \subset X$ für alle $X, Y \in \overline{\mathcal{F}}$, heißt *Kette in* $\mathcal{F}$. Sei $<$ eine Wohlordnung von $\mathcal{F}$. Eine Kette $\overline{\mathcal{F}} \subset \mathcal{F}$ heißt dann *verträglich mit* $<$ gdw. für alle $X \in \overline{\mathcal{F}}$ Folgendes gilt: X ist das $<$-minimale Y, so dass $Z < Y$ für alle $Z \subsetneqq Y$ mit $Z \in \overline{\mathcal{F}}$ gilt.

Behauptung: Seien $\overline{\mathcal{F}}_0$ und $\overline{\mathcal{F}}_1$ zwei Ketten, die beide verträglich mit $<$ sind. Dann gilt $\overline{\mathcal{F}}_0 \subset \overline{\mathcal{F}}_1$ oder $\overline{\mathcal{F}}_1 \subset \overline{\mathcal{F}}_0$.

Beweis der Behauptung: Andernfalls sei X $<$-minimal in $\overline{\mathcal{F}}_0 \backslash \overline{\mathcal{F}}_1$ und Y $<$-minimal in $\overline{\mathcal{F}}_1 \backslash \overline{\mathcal{F}}_0$. Wenn $Z \subsetneqq X$ in $\overline{\mathcal{F}}_0$ liegt, dann gilt $Z < X$ und damit auch $Z \in \overline{\mathcal{F}}_1$ wegen der Wahl von X. Analog folgt aus $Z \subsetneqq Y$ und $Z \in \overline{\mathcal{F}}_1$ wegen der Wahl von Y, dass $Z \in \overline{\mathcal{F}}_0$. Es gilt also

$$\{Z : Z \subsetneq X \land Z \in \overline{\mathcal{F}}_0\} = \{Z : Z \subsetneq Y \land Z \in \overline{\mathcal{F}}_1\}.$$

Da nun aber $\overline{\mathcal{F}}_0$ und $\overline{\mathcal{F}}_1$ beide verträglich mit $<$ sind, gilt dann auch $X = Y$. Widerspruch!

Ähnlich wie im Beweis von Satz 3.2.11 zeigt sich dann, dass die Vereinigung aller Ketten, die mit $<$ verträglich sind, selbst wiederum eine Kette ist (die mit $<$ verträglich ist). Diese Kette, nennen wir sie $\overline{\mathcal{F}}_{\max}$, muss dann aber offensichtlich ein $X_{\max}$ enthalten, so dass keine echte Obermenge von $X_{\max}$ ebenfalls Element von $\overline{\mathcal{F}}_{\max}$ (und damit von $\mathcal{F}$) ist. $\qquad \square$

Mit Hilfe des HAUSDORFFschen Maximalitätsprinzips lässt sich sehr einfach z. B. folgendes zeigen. (Zum Begriff des Vektorraums siehe z. B. [5].)

Satz 3.2.15 Jeder Vektorraum besitzt eine Basis. **3.2.15**

Beweis: Sei V ein beliebiger Vektorraum. Sei $\mathcal{F}$ die Menge aller linear unabhängigen Teilmengen von V. $\mathcal{F}$ erfüllt die Voraussetzung des HAUSDORFFschen Maximalitätsprinzips. Sei $X_{\max} \in \mathcal{F}$ so, dass keine echte Obermenge von $X_{\max}$ ebenfalls Element von $\mathcal{F}$ ist. Ist dann $v \in V \setminus X_{\max}$ beliebig, so ist $X_{\max} \cup \{v\}$ linear abhängig. Damit ist $X_{\max}$ eine Basis von V. $\qquad \square$

3.2.16   **Satz 3.2.16**   Sei A eine unendliche Menge. Dann existiert eine Injektion $f\colon \mathbb{N} \to A$.

Beweis: Wir betrachten die Menge $\mathcal{F}$ aller Injektionen von Anfangsstücken von $\mathbb{N}$ nach A. Diese Menge ist offenbar nichtleer und erfüllt die Voraussetzung des HAUSDORFFschen Maximalitätsprinzips. Sei $f\colon B \to A$ in $\mathcal{F}$ so, dass keine echte Obermenge von f immer noch in $\mathcal{F}$ liegt. Wäre dann $B \neq \mathbb{N}$, etwa $B = \{m \in N : m < n\}$, dann existierte, da A unendlich ist, ein $x \in A \setminus f[B]$, und $f \cup \{(n,x)\}$ wäre ebenfalls in $\mathcal{F}$ und echte Obermenge (d. h. Fortsetzung) von f. Widerspruch! Damit ist $B = \mathbb{N}$. $\square$

Eine weitere äußerst nützliche Aussage, zu deren Beweis das Auswahlaxiom benötigt wird, lautet:

3.2.17   **Lemma 3.2.17**   Sei B eine abzählbare Menge, so dass jedes $a \in B$ ebenfalls abzählbar ist. Dann ist auch $\bigcup B = \{x : x \in a$ für ein $a \in B\}$ abzählbar.

Beweis: Sei $f\colon \mathbb{N} \to B$ eine Bijektion, und sei N die Menge aller

$$\{(n,g)\colon g\colon \mathbb{N} \to f(n) \text{ ist bijektiv}\},$$

wobei $n \in \mathbb{N}$. Offensichtlich erfüllt N die Voraussetzung von $(*)$ in der Aussage von Lemma 3.2.3. Sei A wie in $(*)$ von Lemma 3.2.3. Dann ist A eine Funktion mit Urbildbereich $\mathbb{N}$, die jedem $n \in \mathbb{N}$ eine Bijektion von $\mathbb{N}$ auf $f(n)$ zuordnet. Dann ist aber $G\colon \mathbb{N} \times \mathbb{N} \to \bigcup B$ surjektiv, wobei wir für

$n, m \in \mathbb{N}$ den Wert $G(n, m)$ als $A(n)(m)$ definieren. Wenn dann $\gamma \colon \mathbb{N} \to \mathbb{N} \times \mathbb{N}$ bijektiv ist (siehe Problem 1.1.10 (c)), dann ist $G \circ \gamma \colon \mathbb{N} \to \bigcup B$ surjektiv, so dass $\bigcup B$ in der Tat abzählbar ist.   □

Problem 3.2.1 Zeigen Sie mit Hilfe des Auswahlaxioms: Eine lineare Ordnung $<$ auf einer Menge M ist genau dann eine Wohlordnung, wenn es keine Folge $(x_n \colon n \in \mathbb{N})$ von Elementen von M mit $x_{n+1} < x_n$ für alle $n \in \mathbb{N}$ gibt.

3.2.1

Problem 3.2.2 Sei A eine Menge, und sei $<$ eine Ordnung auf A. Eine Menge $K \subset A$ heißt eine *Kette* gdw. $< \restriction K$ eine lineare Ordnung auf K ist. Das ZORN*sche Lemma* ist nun die folgende Aussage. Sei A eine beliebige nichtleere Menge, und sei $<$ eine Ordnung auf A, so dass zu jeder Kette $K \subset A$ ein $x \in A$ existiert, so dass $y < x$ oder $y = x$ für alle $y \in K$; dann existiert ein $x_{\max} \in A$, so dass es kein $y \in A$ mit $x_{\max} < y$ gibt.
Zeigen Sie, dass das ZORN*sche Lemma* äquivalent zum Auswahlaxiom ist.

3.2.2

Problem 3.2.3 Für eine beliebige Menge A sei $(*)_A$ die folgende Aussage. Sei $(B_n \colon n \in \mathbb{N})$ eine Folge von Teilmengen von A, so dass für alle $n \in N$ gilt, dass $B_{n+1} \subset B_n$; dann existiert ein $n_0 \in \mathbb{N}$, so dass für alle $n \geq n_0$ gilt, dass $B_n = B_{n_0}$. Zeigen Sie mit Hilfe des Auswahlaxioms, dass eine beliebige Menge A endlich ist gdw. die Aussage $(*)_A$ für sie gilt.

3.2.3

Problem 3.2.4 Sei A eine Menge, und sei R eine fundierte Relation auf A. Zeigen Sie: Angenommen, für $B \subset A$ gilt

$$\forall x \in A(\forall y \in A(yRx \ \to \ y \in B) \to x \in B)\,.$$

3.2.4

Dann gilt $B = A$. (Hinweis: Falls $A \setminus B \neq \emptyset$, dann wählen Sie ein R-minimales Element in $A \setminus B$.)

3.2.5   **Problem 3.2.5** Zeigen Sie in ZFC, dass zu jeder Menge M eine Ordinalzahl α und eine Bijektion $f: \alpha \to M$ existiert. (Hinweis: Wenden Sie das HAUSDORFFsche Maximalitätsprinzip an auf die Menge aller Injektionen $g: \alpha \to M$, wobei α eine Ordinalzahl ist. Zeigen Sie dabei mit Hilfe [des Ersetzungsschemas und] des Problems 3.1.5, dass die Voraussetzung des HAUSDORFFschen Maximalitätsprinzips erfüllt ist.)

3.2.6   **Problem 3.2.6** * Sei A eine Menge, und sei R eine fundierte Relation auf A. Seien $a_1, \ldots, a_k$ und φ so, dass für alle x und für alle $y \in A$ genau ein z mit

$$\varphi(x, y, z, a_1, \ldots, a_k)$$

existiert. Zeigen Sie: Es gibt dann eine Funktion F mit Definitionsbereich A, so dass für alle $y \in A$,

$$F(y) = z \iff \varphi(F \upharpoonright \{y' \in A : y'Ry\}, y, z, a_1, \ldots, a_k).$$

(Hinweis: Zu gegebenem $y \in A$ betrachte man $\exists f(f$ ist Funktion mit Definitionsbereich $\{y' \in A : y'Ry\} \cup \{y\}$, so dass für alle y' im Definitionsbereich von f gilt: $f(y') = z \leftrightarrow \varphi(f \upharpoonright \{y'' \in A : y''Ry'\}, y', z, a_1, \ldots, a_k))$. Zeigen Sie mit Hilfe von Problem 3.2.4, dass zu jedem $y \in A$ genau ein derartiges f existiert.)

3.2.7   **Problem 3.2.7** * Sei α eine Ordinalzahl. Zeigen Sie: Es gibt eine Folge $(V_\beta : \beta < \alpha + 1)$, so dass $V_0 = \emptyset$, $V_{\gamma+1} = \mathcal{P}(V_\gamma)$ für alle $\gamma + 1 < \alpha$ und $V_\beta = \bigcup_{\bar\beta < \beta} V_{\bar\beta}$ für alle Limesordinalzahlen $\beta < \alpha + 1$ gilt. (Hinweis: Problem 3.2.6.)

Es kann gezeigt werden, dass für alle x ein α mit $x \in V_\alpha$ existiert. Jedes GROTHENDIECK-Universum ist von der Gestalt V_α, wobei α eine „unerreichbare" Ordinalzahl ist. Derartige Ordinalzahlen werden z. B. in [9] studiert.

3.3 Die Topologie von $\mathbb{R}$ und die Kontinuumshypothese

In der Topologie werden topologische Räume betrachtet. Eine gute Einführung in die Topologie bietet [11], Tatsachen zur mengentheoretischen Topologie von $\mathbb{R}$ sind in [15] zu finden.

Definition 3.3.1 Ein Paar (X, O) (oder auch einfach die Menge X) heißt ein *topologischer Raum* gdw. $X \neq \emptyset$, O eine Menge von Teilmengen von X, den so genannten *offenen* Mengen, ist, und wenn gilt: (0) $X \in O$, (1) beliebige Vereinigungen offener Mengen sind wieder offen, und (2) der Durchschnitt zweier offener Mengen ist wieder offen. □

Die Standardtopologie von $\mathbb{R}$ ergibt sich wie folgt. Eine Menge $A \subset \mathbb{R}$ reeller Zahlen wird als *offen* bezeichnet gdw. A als Vereinigung offener Intervalle (d. h. von Mengen der Form (x, y) mit $x < y$; vgl. Definition 2.2.14) geschrieben werden kann. (Dabei ist die „leere" Vereinigung zugelassen, so dass auch $\emptyset$ eine offene Menge ist.)

Da der Durchschnitt zweier offener Intervalle entweder leer oder wieder ein offenes Intervall ist, sieht man leicht, dass damit in der Tat $\mathbb{R}$ zu einem topologischen Raum wird.

Wenn (X, O) ein topologischer Raum ist, dann heißt $B \subset O$ *Basis* gdw. jedes Element von O (d. h. jede offene Menge) als Vereinigung von Elementen von B geschrieben werden kann.

Offensichtlich ist damit die Menge aller offenen Intervalle Basis des topologischen Raums $\mathbb{R}$. Allerdings ist eine nützliche Beobachtung, dass $\mathbb{R}$ in der Tat eine abzählbare Basis besitzt.

Lemma 3.3.2 Die Menge aller offenen Intervalle (x, y) mit $x < y$ und $x, y \in \mathbb{Q}$ ist eine Basis des topologischen Raums $\mathbb{R}$.

3.3.2

Beweis: Sei $A \subset \mathbb{R}$ eine offene Menge. Dann gibt es eine Menge D, bestehend aus offenen Intervallen, so dass $A = \bigcup D$. Sei D' die Menge aller offenen Intervalle (x', y') mit $x' < y'$ und $x', y' \in \mathbb{Q}$, so dass ein Intervall $(x, y) \in D$ existiert mit $x \leq x' < y' \leq y$. Da $\mathbb{Q}$ dicht in $\mathbb{R}$ ist (siehe Lemma 2.2.7), gibt es zu jedem $(x, y) \in D$ und zu jedem $z \in (x, y)$ (d. h. $x < z < y$) rationale Zahlen x' und y' mit $x < x' < z < y' < y$. Daraus folgt $\bigcup D' = \bigcup D$, also $A = \bigcup D'$. Die Menge aller offenen Intervalle mit rationalen Endpunkten ist also tatsächlich eine Basis des topologischen Raums $\mathbb{R}$. □

Sei (x, y) ein offenes Intervall, wobei $x < y$. Dann lässt sich sehr leicht eine Bijektion $\varphi_{x,y} \colon (-1, 1) \to (x, y)$ angeben: es sei etwa $\varphi_{x,y}(z) = x + \frac{z+1}{2}(y - x)$ für $z \in (-1, 1)$. Darüber hinaus existiert eine Bijektion $f \colon \mathbb{R} \to (-1, 1)$, etwa die Abbildung, die $x \in R$ nach $f(x) = \frac{x}{1+|x|}$ sendet. Die Komposition

$$\varphi_{x,y} \circ f \colon \mathbb{R} \to (x, y)$$

ist dann ebenfalls eine Bijektion.

Diese Überlegung zeigt Folgendes. Wenn $A \subset \mathbb{R}$ offen ist
mit $A \neq \emptyset$, dann existiert eine Injektion $g \colon \mathbb{R} \to A$: Sei
etwa $(x, y) \subset A$, dann kann man einfach $g = \varphi_{x,y} \circ f$ wählen.
Andererseits gibt es trivialerweise eine Injektion $h \colon A \to \mathbb{R}$,
nämlich z. B. die Identität auf A. Somit gibt es aufgrund
des Satzes 1.1.4 von Schröder-Bernstein für jedes nichtleere
offene $A \subset \mathbb{R}$ eine Bijektion $j \colon \mathbb{R} \to A$. Diese Aussage ist
falsch für kompliziertere Mengen reeller Zahlen.

Komplemente offener Mengen in topologischen Räumen
heißen *abgeschlossen*.

3.3.3   **Lemma 3.3.3**   Sei $A \subset \mathbb{R}$. Dann sind folgende Aussagen
äquivalent.

(1) A ist abgeschlossen.
(2) Sei $(x_n \colon n \in \mathbb{N})$ eine Cauchy-Folge, wobei $x_n \in A$ für
     jedes $n \in \mathbb{N}$. Dann gilt $\lim_{n \to \infty} x_n \in A$.

Beweis: $(1) \Rightarrow (2)$: Sei A abgeschlossen und sei $(x_n \colon n \in \mathbb{N})$
eine Cauchy-Folge, so dass $x_n \in A$ für jedes $n \in \mathbb{N}$. Da
A abgeschlossen ist, ist $\mathbb{R} \setminus A$ offen. Angenommen, $x = \lim_{n \to \infty} x_n \notin A$, d. h. $x \in \mathbb{R} \setminus A$. Da $\mathbb{R} \setminus A$ Vereinigung
offener Intervalle ist, gibt es dann ein offenes Intervall (y, z)
mit $x \in (y, z) \subset \mathbb{R} \setminus A$. Sei ε das Minimum von $|x - y|$
und $|z - x|$. Da $\lim_{n \to \infty} x_n = x$, existiert ein $n \in \mathbb{N}$ mit
$|x - x_n| < \varepsilon$, also $x_n \in (x - \varepsilon, x + \varepsilon) \subset (y, z) \subset \mathbb{R} \setminus A$.
Widerspruch!

$(2) \Rightarrow (1)$: Sei (2) angenommen. Wir zeigen, dass $\mathbb{R} \setminus A$ offen
ist. Hierzu genügt es zu zeigen, dass es zu jedem $x \in \mathbb{R} \setminus A$

ein offenes Intervall (y, z) mit $x \in (y, z) \subset \mathbb{R} \setminus A$ gibt.
Sei also $x \in \mathbb{R} \setminus A$. Wir betrachten die offenen Intervalle
$I_n = (x - \frac{1}{n+1}, x + \frac{1}{n+1})$ für $n \in \mathbb{N}$. Wenn es kein $n \in \mathbb{N}$ mit
$I_n \subset \mathbb{R} \setminus A$ gibt, dann enthält jedes I_n ein Element von A,
etwa $x_n \in I_n \cap A$. Man erkennt unschwer, dass $(x_n : n \in \mathbb{N})$
dann eine Cauchy-Folge ist mit $x = \lim_{n \to \infty} x_n$. Wegen (2)
wäre dann aber $x \in A$. Widerspruch! $\qquad\qquad\square$

Beispielsweise sind also alle endlichen Mengen abgeschlossen. Für jedes $A \subset \mathbb{R}$ wird die Menge $\bar{A} \supset A$ aller $x \in \mathbb{R}$,
für die eine Cauchy-Folge $(x_n : n \in \mathbb{N})$ mit $x_n \in A$ für alle
$n \in \mathbb{N}$ und $\lim_{n \to \infty} x_n = x$ existiert, als der *Abschluss* von
A bezeichnet. Es ist nicht schwer zu sehen, dass $\bar{A}$ immer
abgeschlossen ist. Eine Menge $A \subset \mathbb{R}$ ist abgeschlossen gdw.
$\bar{A} \subset A$ (gdw. $\bar{A} = A$).
Da $\mathbb{Q}$ dicht in $\mathbb{R}$ ist, ist der Abschluss von $\mathbb{Q}$ gleich $\mathbb{R}$. Es
gibt allerdings abzählbare Mengen, deren Abschluss wieder
abzählbar ist, z. B. $\mathbb{N} = \mathbb{N}'$ oder $B = \{\frac{1}{n+1} : n \in \mathbb{N}\}$ mit
$B' = \{0\} \cup \{\frac{1}{n+1} : n \in \mathbb{N}\}$.
Sei $A \subset \mathbb{R}$. Eine reelle Zahl x heißt *Häufungspunkt von A*
gdw. für jedes $\varepsilon > 0$ die Menge

$$A \cap (x - \varepsilon, x + \varepsilon)$$

mindestens ein Element besitzt, welches verschieden von x
ist.
Wenn x Häufungspunkt von A ist, dann besitzt für jedes
$\varepsilon > 0$ die Menge $A \cap (x - \varepsilon, x + \varepsilon)$ sogar unendlich viele Elemente. Darüber hinaus gibt es in diesem Falle eine
Cauchy-Folge $(x_n : n \in \mathbb{N})$ mit $x_n \in A \setminus \{x\}$ für alle $n \in \mathbb{N}$

und $x = \lim_{n\to\infty} x_n$. Damit liegt jeder Häufungspunkt von A im Abschluss $\bar{A}$ von A. Umgekehrt ist nicht notwendigerweise jedes $x \in \bar{A}$ ein Häufungspunkt von A. Beispielsweise gilt für jedes $x \in \mathbb{R}$, dass $\overline{\{x\}} = \{x\}$, aber $\{x\}$ besitzt keinen Häufungspunkt.

Eine abgeschlosse nichtleere Menge $A \subset \mathbb{R}$ heißt *perfekt* gdw. jedes $x \in A$ auch Häufungspunkt von A ist.

3.3.4   **Satz 3.3.4** Sei $A \subset \mathbb{R}$ perfekt. Dann gibt es eine Bijektion $f \colon \mathbb{R} \to A$.

Beweis: Sei E die Menge aller endlichen 0-1-Folgen. Für $s \in E$ und $h \in \{0,1\}$ schreiben wir $s^\frown h$ für die Folge, die aus s entsteht, indem hinten h angehängt wird.

Wir konstruieren zunächst eine Abbildung Φ wie folgt. Dabei wird E der Definitionsbereich von Φ sein, und für jedes $s \in E$ wird $\Phi(s)$ ein abgeschlossenes Intervall $[a_s, b_s]$ sein mit der Eigenschaft, dass $a_s < b_s$ und $[a_s, b_s] \cap A \neq \emptyset$. Die Konstruktion von Φ ist rekursiv nach der Länge von s.

Seien a, b reelle Zahlen mit $a < b$, so dass $[a,b] \cap A$ nichtleer ist. Bezeichne $\langle\rangle$ die „leere Folge". Wir wählen dann $\varphi(\langle\rangle) = [a,b]$.

Sei nun $s \in E$, und sei $\Phi(s)$ bereits definiert. Sei etwa $\Phi(s) = [a_s, b_s]$, wobei $a_s < b_s$. Wir nehmen an, dass $[a_s, b_s] \cap A$ nichtleer ist. Sei $n \in \mathbb{N}$ die Länge von s.

Da A perfekt ist, ist jeder Punkt von A auch Häufungspunkt von A und wir können leicht

$$a_s < a_{s^\frown 0} < b_{s^\frown 0} < a_{s^\frown 1} < b_{s^\frown 1} < b_s$$

finden, so dass gilt:

$$[a_{s^\frown 0}, b_{s^\frown 0}] \cap A \neq \emptyset \neq [a_{s^\frown 1}, b_{s^\frown 1}] \cap A \,,$$
$$b_{s^\frown 0} - a_{s^\frown 0} \leq \frac{1}{n+1} \,, \quad \text{und} \quad b_{s^\frown 1} - a_{s^\frown 1} \leq \frac{1}{n+1} \,.$$

Wir setzen dann $\Phi(s^\frown h) = [a_{s^\frown h}, b_{s^\frown h}]$ für $h = 0, 1$.
Bezeichne nun E^* die Menge aller *un*endlichen 0-1-Folgen.
Wir können jetzt eine Injektion $F\colon E^* \to A$ wie folgt definieren. Sei $f \in E^*$. Dann gilt

$$\bigcap_{n \in \mathbb{N}} [a_{f\restriction\{0,\ldots,n\}}, b_{f\restriction\{0,\ldots,n\}}] = \{x\}$$

für ein $x \in \mathbb{R}$ (siehe Problem 2.2.5). Wir setzen $F(f) = x$.
Es gilt $F(f) \in A$, da $F(f)$ offensichtlich Häufungspunkt von A ist und A abgeschlossen ist. Nach Konstruktion ist F sicherlich injektiv.
Nach Problem 2.2.8 gibt es nun eine Bijektion $g\colon \mathbb{R} \to E^*$.
Damit ist

$$F \circ g\colon \mathbb{R} \to A$$

injektiv. Da die Identität auf A eine injektive Abbildung von A nach $\mathbb{R} \supset A$ ist, existiert damit aufgrund des Satzes 1.1.4 von Schröder-Bernstein eine Bijektion von $\mathbb{R}$ auf A.
□

Satz 3.3.5 (Cantor-Bendixson) Sei $A \subset \mathbb{R}$ abgeschlossen.   3.3.5
Dann ist entweder A höchstens abzählbar oder es gibt eine Bijektion $f\colon \mathbb{R} \to A$.

Beweis: Sei $A \subset \mathbb{R}$ abgeschlossen. Ein $x \in \mathbb{R}$ heißt *Kondensationspunkt* von A gdw. für jedes $\varepsilon > 0$ die Menge

$$A \cap (x - \varepsilon, x + \varepsilon)$$

überabzählbar ist. Wir bezeichnen mit P die Menge aller Kondensationspunkte von A. Da offensichtlich jeder Kondensationspunkt von A auch Häufungspunkt von A ist und da A abgeschlossen ist, gilt $P \subset \bar{A} = A$.

Wir betrachten nun zwei Fälle.

1. Fall: $P = \emptyset$.

Dann gibt es zu jedem $y \in A$ ein $\varepsilon > 0$, so dass die Menge $A \cap (x - \varepsilon, x + \varepsilon)$ höchstens abzählbar ist; es gibt dann wegen Lemma 2.2.7 aber auch rationale Zahlen y, z mit $x - \varepsilon < y < x < z < x + \varepsilon$, so dass auch $A \cap (y, z)$ höchstens abzählbar ist. Es gibt nun abzählbar viele Intervalle (y, z) mit $y, z \in \mathbb{Q}$ (siehe Problem 1.1.10 (c)), und für jedes $x \in A$ existiert ein Intervall (y, z) mit $y, z \in \mathbb{Q}$ und $x \in A \cap (y, z)$, so dass $A \cap (y, z)$ höchstens abzählbar ist. Damit lässt sich A als höchstens abzählbare Vereinigung höchstens abzählbarer Mengen darstellen und ist damit wegen Lemma 3.2.17 selbst höchstens abzählbar.

2. Fall: $P \neq \emptyset$.

In diesem Falle zeigen wir, dass P perfekt ist. Dann existiert nach Satz 3.3.4 eine Bijektion $f\colon \mathbb{R} \to P$, also mit Hilfe von Satz 1.1.4 auch eine Bijektion von $\mathbb{R}$ auf $A \supset P$.

Wir zeigen zunächst, dass P abgeschlossen ist. Sei $(x_n \colon n \in \mathbb{N})$ eine Cauchy-Folge, wobei jedes x_n ein Kondensationspunkt von A ist. Sei $x = \lim_{n \to \infty} x_n$. Wir müssen zeigen, dass x Kondensationspunkt von A ist. Sei $x \in [y, z]$ mit $y < z$. Dann existiert ein $n \in \mathbb{N}$ mit $x_n \in [y, z]$. Sei $\varepsilon > 0$ so, dass $[x_n - \varepsilon, x_n + \varepsilon] \subset [y, z]$. Da x_n Kondensationspunkt von A ist, ist $[x_n - \varepsilon, x_n + \varepsilon] \cap A$ überabzählbar. Also ist auch $[y, z] \cap A$ überabzählbar.

Wir zeigen schließlich, dass jeder Punkt von P ein Häufungspunkt von P ist. Sei also $x \in P$. Angenommen, x wäre nicht Häufungspunkt von P. Dann existiert ein $\varepsilon > 0$, so dass $[x - \varepsilon, x + \varepsilon] \cap P$ kein Element besitzt, das verschieden von x ist. Zu jedem $y \in ([x - \varepsilon, x + \varepsilon] \cap A) \setminus \{x\}$ existieren dann rationale a_y und b_y mit $a_y < y < b_y$, so dass $[a_y, b_y] \cap A$ höchstens abzählbar ist. Damit lässt sich $[x - \varepsilon, x + \varepsilon] \cap A$ als höchstens abzählbare Vereinigung höchstens abzählbarer Mengen darstellen und ist damit wegen Lemma 3.2.17 selbst höchstens abzählbar. Dies ist ein Widerspruch, da x Kondensationspunkt von A ist.

Da $P \neq \emptyset$ nach Fallannahme, ist damit gezeigt, dass P in der Tat perfekt ist. $\qquad\square$

In der Deskriptiven Mengenlehre (siehe etwa [15]) zeigt man, dass der Satz von Cantor-Bendixson auch für kompliziertere als abgeschlossene Mengen reeller Zahlen gilt. Nicht jede Menge reeller Zahlen ist entweder abzählbar oder besitzt eine perfekte Teilmenge. Die Aussage, wonach jede überabzählbare Menge reeller Zahlen bijektiv auf $\mathbb{R}$ abgebildet werden kann, wurde zuerst von CANTOR betrachtet und wird als *Kontinuumshypothese* bezeichnet. Sie wird in der Mengenlehre studiert (siehe etwa [12], [8]).

3.3.1   **Problem 3.3.1** Zeigen Sie: Für jedes $A \subset \mathbb{R}$ ist der Abschluss $\bar{A}$ von A abgeschlossen.

3.3.2   **Problem 3.3.2** Sei $A \subset \mathbb{R}$. Wir definieren dann die Folge $(A^{(n)} : n \in \mathbb{N})$ wie folgt. Es sei $A^{(0)} = A$, und für $n \in \mathbb{N}$ sei $A^{(n+1)}$ die Menge der Häufungspunkte von $A^{(n)}$.

(a) Sei $n \in \mathbb{N}$. Konstruieren Sie eine abgeschlossene Menge $A \subset \mathbb{R}$, so dass $A^{(n)} \neq \emptyset$, aber $A^{(n+1)} = \emptyset$.

(b) Konstruieren Sie eine abgeschlossene Menge $A \subset \mathbb{R}$, so dass $\bigcap_{n \in \mathbb{N}} A^{(n)} \neq \emptyset$, aber $\bigcap_{n \in \mathbb{N}} A^{(n)}$ keinen Häufungspunkt besitzt.

(c) Sei $A^{(\omega)} = \bigcap_{n \in \mathbb{N}} A^{(n)}$. Konstruieren Sie eine abgeschlossene Menge $A \subset \mathbb{R}$, so dass $\bigcap_{n \in \mathbb{N}} (A^{(\omega)})^{(n)} \neq \emptyset$, aber $\bigcap_{n \in \mathbb{N}} (A^{(\omega)})^{(n)}$ keinen Häufungspunkt besitzt.

3.3.3   **Problem 3.3.3** Eine Menge $A \subset \mathbb{R}$ heißt *dicht in* $\mathbb{R}$ gdw. für alle x, $y \in \mathbb{R}$ mit $x < y$ ein $z \in A$ mit $z \in (x, y)$ existiert. Eine Menge $A \subset \mathbb{R}$ heißt *nirgends dicht* gdw. $\mathbb{R} \setminus A$ eine offene und dichte Teilmenge besitzt.

(a) Zeigen Sie: Der abzählbare Durchschnitt dichter offener Mengen ist dicht. (Dies ist der BAIRE*sche Kategoriensatz*.)

(b) Zeigen Sie: $\mathbb{R}$ lässt sich nicht als abzählbare Vereinigung nirgends dichter Mengen darstellen.

(c) Für x, $y \in \mathbb{R}$ mit $x < y$ sei

$$[x, y]^{\frac{2}{3}} = [x, \tfrac{2}{3}x + \tfrac{1}{3}y] \cup [\tfrac{2}{3}y + \tfrac{1}{3}x, y] \,,$$

und für $x_0 < y_0 < \cdots < x_k < y_k$ sei

$$([x_0, y_0] \cup \cdots \cup [x_k, y_k])^{\frac{2}{3}} = [x_0, y_0]^{\frac{2}{3}} \cup \cdots \cup [x_k, y_k]^{\frac{2}{3}} \,.$$

Schließlich sei, für $x < y$, $[x,y]_0 = [x,y]$, $[x,y]_{n+1} = ([x,y]_n)^{\frac{2}{3}}$ (wobei $n \in \mathbb{N}$), und

$$[x,y]_\infty = \bigcap_{n \in \mathbb{N}} [x,y]_n \,.$$

($[x,y]_\infty$ wird als CANTOR*sches Diskontinuum* bezeichnet.) Zeigen Sie: Für beliebige x, $y \in \mathbb{R}$ mit $x < y$ ist $[x,y]_\infty$ nirgends dicht, aber es gibt eine Bijektion $f : \mathbb{R} \to [x,y]_\infty$.

4

Kapitel 4
Modelle

4 Modelle

4

4 Modelle

Ziel dieses Kapitels ist es, eine Methode zur Konstruktion von Modellen von Theorien wie PA, VGK oder ZFC zu entwickeln; sie wird uns vor allem erlauben, *Nichtstandard-Modelle* zu erzeugen. Diese Methode ist sehr allgemein und hat nichts mit PA, VGK oder ZFC im besonderen zu tun. Wir beginnen daher mit einer allgemeinen Einführung der abstrakten Logik erster Stufe, für die die Sprachen von PA etc. Beispiele sind. In den Abschnitten 1.2 und 2.3 wurde die Begrifflichkeit „erste Stufe" diskutiert.

Gute Einführungen in die Modelltheorie bieten [2], [14], [7].

4.1 Logik erster Stufe

Die Logik erster Stufe ist die Logik, die wir in der Mathematik benutzen. Allerdings ist es nicht ganz richtig, von *der* Logik erster Stufe im Singular zu sprechen, da wir mit verschiedenen Mengen von Prädikatsymbolen, Konstanten und Funktionssymbolen arbeiten können.

Seien I, K, J (womöglich leere, endliche oder unendlich große) paarweise disjunkte Indexmengen, und sei $n \colon I \cup J \to \mathbb{N}$; wir schreiben n_i für $n(i)$, wobei $i \in I \cup J$. Die zu I, K, J, n gehörige Sprache der Logik erster Stufe besitzt die folgenden *Symbole*:

Klammern: (und)
Junktoren: ¬ und ∧
Allquantor: ∀

Variablen: $v_0, v_1, v_2, \ldots$
Gleichheitszeichen: $=$
Prädikatsymbole: für jedes $i \in I$ ein n_i-stelliges Prädikat-
   symbol P_i
Konstanten: für jedes $k \in K$ eine Konstante c_k
Funktionssymbole: für jedes $j \in J$ ein n_j-stelliges Funkti-
   onssymbol f_j.

In dieser Liste könnte man die Junktoren $\vee$, $\rightarrow$ und $\leftrightarrow$ sowie
den Existenzquantor $\exists$ vermissen. Wir werden diese später
durch Schreibkonventionen einführen.

Ein Beispiel für eine solche Sprache ist die Sprache der
Gruppentheorie: diese enthält eine Konstante für das neutrale Element und ein zweistelliges Funktionssymbol für die
Addition (bzw. Multiplikation). Die Sprache der Körpertheorie enthält zwei Konstanten für die 0 und die 1 und
zwei zweistellige Funktionssymbole für die Addition und
die Multiplikation. Die Sprache von PA, welche identisch
ist mit der Sprache von Q (siehe Abschnitt 1.2), enthält ein
zweistelliges Prädikatsymbol $<$, zwei Konstanten 0 und 1
für die Null und die Eins, zwei zweistellige Funktionssymbole $+$ und $\cdot$ für die Addition und die Multiplikation und ein
weiteres unsichtbares zweistelliges Funktionssymbol für die
Exponentiation. Die Sprache von ZFC schließlich (siehe Abschnitt 3.1) hat lediglich das zweistellige Prädikatsymbol $\in$.
Sei $\mathcal{L}$ eine Sprache der Logik erster Stufe. Ein $\mathcal{L}$-*Ausdruck*
ist eine endliche Folge von Symbolen von $\mathcal{L}$. Beispielsweise
ist $) = v_5 \; v_3 \in \forall \neg$ ein Ausdruck der Sprache von ZFC.
Wir bezeichnen die Länge eines $\mathcal{L}$-Ausdrucks auch als seine
Komplexität.

Wir wollen nun die Begriffe „$\mathcal{L}$-Term" und „$\mathcal{L}$-Formel" definieren. Dies geschieht rekursiv. Sei $\mathcal{L}$ durch I, K, J, n gegeben.

Ein $\mathcal{L}$-*Term* ist ein $\mathcal{L}$-Ausdruck, der in jeder Menge M von $\mathcal{L}$-Ausdrücken liegt mit:

(a) jede Konstante und jede Variable liegt in M, und
(b) für $j \in J$ und $\tau_0, \ldots, \tau_{n_j - 1} \in M$
    liegt auch $f_j \tau_0 \cdots \tau_{n_j - 1}$ in M.

(b) erlaubt also Verschachtelungen von Termen. Beispielsweise sind die folgenden Ausdrücke Terme der Sprache von PA:

$$\cdot + 10v_3 \text{ und } + \cdot 1 v_{17} 0 .$$

Dies ist die „polnische Notation" im Gegensatz zur gemeinhin üblichen: Wir werden weiterhin im praktischen Leben für Terme τ und σ natürlich $(\tau + \sigma)$ anstelle von $+\tau\sigma$ und $(\tau \cdot \sigma)$ anstelle von $\cdot\tau\sigma$ und damit $((1 + 0) \cdot v_3)$ für $\cdot + 10v_3$ und $((1 \cdot v_{17}) + 0)$ für $+ \cdot 1 v_{17} 0$ schreiben.

Eine *atomare* $\mathcal{L}$-*Formel* ist jeder Ausdruck der Form $= \tau \sigma$, wobei τ und σ $\mathcal{L}$-Terme sind, oder ein Ausdruck der Form $P_i \tau_0 \cdots \tau_{n_i - 1}$, wobei $i \in I$ und $\tau_0, \ldots, \tau_{n_i - 1}$ $\mathcal{L}$-Terme sind. Schließlich ist eine $\mathcal{L}$-*Formel* ein Ausdruck, der in jeder Menge M von Ausdrücken liegt mit:

(1) jede atomare $\mathcal{L}$-Formel ist in M,
(2) wenn φ und ψ in M sind, dann auch $\neg\varphi$ und $(\varphi \wedge \psi)$,
(3) wenn φ in M ist und $n \in \mathbb{N}$, dann ist auch $\forall v_n \varphi$ in M.

Beispiele für Formeln der Sprache der Mengenlehre sind etwa $\in v_3\, v_0$ oder $\forall\, v_3 \in v_3\, v_0$. Dies ist ebenfalls „polnisch notiert" und wir werden natürlich weiterhin, für $n,\, m \in \mathbb{N}$, $v_n \in v_m$ anstelle von $\in v_n\, v_m$, also $v_3 \in v_0$ für $\in v_3\, v_0$ und entsprechend $\forall v_3\, v_3 \in v_0$ für $\forall\, v_3 \in v_3\, v_0$ schreiben. $v_3 \in v_0$ ist eine atomare Formel der Sprache der Mengenlehre.

Seien φ und ψ $\mathcal{L}$-Formeln. Wir definieren dann „φ ist *Teilformel* von ψ" wie folgt. Jedes φ ist Teilformel von sich selbst, wenn φ Teilformel von ψ ist, dann ist φ auch Teilformel von $\neg\psi$ und von $\forall v_n\psi$ (für beliebiges n), und wenn φ Teilformel von ψ oder von ψ' ist, dann ist φ Teilformel von $(\psi \wedge \psi')$. Wenn φ Teilformel von ψ ist, dann ist φ von geringerer „Komplexität" als ψ.

Wir vereinbaren einige Schreibkonventionen, um Formeln besser lesen zu können. So schreiben wir:

$$(\varphi \vee \psi) \text{ für } \neg(\neg\varphi \wedge \neg\psi),$$
$$(\varphi \rightarrow \psi) \text{ für } (\neg\varphi \vee \psi),$$
$$(\varphi \leftrightarrow \psi) \text{ für } ((\varphi \rightarrow \psi) \wedge (\psi \rightarrow \varphi)),$$
$$\exists v_n\varphi \text{ für } \neg\forall v_n\neg\varphi,$$
$$\tau = \sigma \text{ für } = \tau\sigma, \text{ und}$$
$$\tau \neq \sigma \text{ für } \neg\tau = \sigma,$$

wobei φ, ψ $\mathcal{L}$-Formeln und τ, σ $\mathcal{L}$-Terme sind. Diese abkürzenden Schreibweisen sind, wie man sich leicht überlegt, inhaltlich sinnvoll.

Mit diesen Konventionen ist nun also auch z. B.

$$(\forall v_0 \exists v_1\, v_0 \in v_1 \vee v_5 = v_7)$$

eine Formel der Sprache der Mengenlehre, bei der es sich in nicht abgekürzter Schreibweise um die Formel

$$\neg(\neg\forall v_0 \neg\forall v_1 \neg \in v_0 v_1 \wedge \neg = v_5 v_7)$$

handelt. Als weitere Schreibkonvention lassen wir von nun an die äußeren Klammern weg, schreiben also z. B. $\varphi \to \psi$ anstelle von $(\varphi \to \psi)$.

Wir wollen definieren, wann eine Formelmenge Σ eine Formel φ impliziert. Dabei arbeiten wir mit „Belegungen" von Variablen mit Elementen eines Modells; dies entspricht der Einsetzung solcher Elemente für freie Variablen in Formeln. Wir fixieren nun I, K, J, n, wodurch eine Sprache $\mathcal{L}$ der Logik erster Stufe gegeben ist. Anstelle von $\mathcal{L}$-Termen und (atomaren) $\mathcal{L}$-Formeln sprechen wir nun auch einfach von Termen und (atomaren) Formeln.

Wir wollen jetzt den Formeln der Sprache $\mathcal{L}$ Bedeutung verleihen. Oft hat eine Sprache einen „intendierten Objektbereich" im Auge. Mit der Sprache von PA wollen wir über die Struktur der Menge der natürlichen Zahlen sprechen, mit der Sprache der Mengenlehre über die Struktur des Universums aller Mengen.

Ebenso oft gibt es aber auch keinen intendierten Objektbereich: die Sprache der Gruppentheorie hat nicht eine feste Gruppe im Auge, sondern „beliebige Gruppen".

Allgemein bekommen Formeln Bedeutung, indem wir ein Modell von $\mathcal{L}$ betrachten. Der Begriff des „Modells" war naiv bereits im Abschnitt 3.1 benutzt worden. Ein *Modell der durch I, K, J, n gegebenen Sprache $\mathcal{L}$* ist eine Struktur der Form

$$\mathcal{M} = (M; (R_i \colon i \in I), (a_k \colon k \in K), (F_j \colon j \in J)),$$

wobei M eine nichtleere Menge ist (das *Universum*, oder die *Trägermenge* von $\mathcal{M}$), jedes R_i eine n_i-stellige Relation auf M ist (d. h. $R_i \subset M^{n_i}$), jedes a_k ein Element von M ist und jedes F_j eine n_j-stellige Funktion auf M ist (d. h. $F_j \colon M^{n_j} \to M$).

Ein solches Modell interpretiert $\mathcal{L}$ in offensichtlicher Weise: das Prädikatsymbol P_i wird durch die Relation R_i interpretiert (in Zeichen: $P_i^{\mathcal{M}} = R_i$), die Konstante c_k wird durch a_k interpretiert (in Zeichen: $c_k^{\mathcal{M}} = a_k$), und das Funktionssymbol f_j wird durch die Funktion F_j interpretiert (in Zeichen: $f_j^{\mathcal{M}} = F_j$). Die Wirkung dieser Interpretationen wird gleich bei der Definition von „$\mathcal{M} \models \varphi[\bar{\beta}]$" ersichtlich werden.

Ein Modell der Sprache von PA ist z. B. das Standard-Modell

$$\mathcal{N} = (\mathbb{N}; (<), (0, 1), (+, \cdot, E)),$$

welches wir kürzer als

$$\mathcal{N} = (\mathbb{N}; <, 0, 1, +, \cdot, E)$$

schreiben, wobei $<$, 0, 1, $+$, $\cdot$ die gleichnamigen Symbole interpretieren und E als Exponentiationsfunktion das unsichtbare zweistellige Exponentiationssymbol interpretieren soll. Im Abschnitt 4.3 werden wir weitere Modelle der Sprache von PA kennenlernen.

Wir wollen sagen, was es heißt, dass eine gegebene Formel im Modell $\mathcal{M}$ gilt. Dies ist allerdings nur sinnvoll, wenn zugleich eine Belegung vorliegt.
Sei also

$$\mathcal{M} = (M; (R_i \colon i \in I), (a_k \colon k \in K), (F_j \colon j \in J))$$

ein Modell der durch I, K, J, n gegebenen Sprache $\mathcal{L}$. Eine $\mathcal{M}$-*Belegung* ist eine Funktion

$$\overline{\beta} \colon \{v_0, v_1, \ldots\} \to M \, ,$$

die allen Variablen Elemente der Trägermenge von $\mathcal{M}$ zuordnet. Durch eine $\mathcal{M}$-Belegung ist eine Interpretation beliebiger Terme gegeben. Eine solche durch $\overline{\beta}$ induzierte *Terminterpretation* ist eine Funktion $\beta \colon T \to M$ (wobei T die Menge aller Terme ist), für die gilt:

(1) $\beta(v_n) = \overline{\beta}(v_n)$ für $n \in \mathbb{N}$,
(2) $\beta(c_k) = c_k^{\mathcal{M}} = a_k$ für $k \in K$, und
(3) $\beta(f_j \tau_0 \ldots \tau_{n_j - 1}) = f_j^{\mathcal{M}}(\beta(\tau_0), \ldots, \beta(\tau_{n_j - 1}))$
$$= F_j(\beta(\tau_0), \ldots, \beta(\tau_{n_j - 1}))$$
für $j \in J$ und Terme $\tau_0, \ldots, \tau_{n_j - 1}$.

Offensichtlich gibt es für jede Belegung $\bar{\beta}$ genau eine durch $\bar{\beta}$ induzierte Terminterpretation.
Wir definieren nun „φ gilt in $\mathcal{M}$ unter der Belegung $\overline{\beta}$".
Hierzu ist die folgende Schreibweise hilfreich.
Sei $n \in \mathbb{N}$, und sei $a \in M$. Dann bezeichnet $\overline{\beta}(v_n | a)$ diejenige Belegung, die mit $\overline{\beta}$ überall übereinstimmt, außer an

der Stelle v_n, wo der Wert a angenommen wird, d. h.

$$\overline{\beta}(v_n|a)(v_m) = \begin{cases} \overline{\beta}(v_m)\,, & \text{falls } m \neq n \\ a\,, & \text{falls } m = n\,. \end{cases}$$

Wir schreiben „φ gilt in $\mathcal{M}$ unter der Belegung $\overline{\beta}$" oder „$\mathcal{M}$ ist Modell von φ unter $\overline{\beta}$" als

$$\mathcal{M} \models \varphi[\overline{\beta}]$$

und definieren diese Relation wie folgt. Hierbei sei β die durch $\overline{\beta}$ induzierte Terminterpretation. Die folgende Definition ist rekursiv „nach der Formelkomplexität" und simultan für alle Belegungen.

(1) $\mathcal{M} \models \tau = \sigma[\overline{\beta}]$ gdw. $\beta(\tau) = \beta(\sigma)$ für Terme τ, σ

(2) $\mathcal{M} \models P_i \tau_0 \ldots \tau_{n_i-1}[\overline{\beta}]$ gdw. $(\beta(\tau_0), \ldots, \beta(\tau_{n_i-1})) \in P_i^{\mathcal{M}} = R_i$ für $i \in I$ und Terme $\tau_0, \ldots, \tau_{n_i-1}$

(3) $\mathcal{M} \models \neg\varphi[\overline{\beta}]$ gdw. $\mathcal{M} \models \varphi[\overline{\beta}]$ nicht gilt

(4) $\mathcal{M} \models (\varphi \wedge \psi)[\overline{\beta}]$ gdw. $\mathcal{M} \models \varphi[\overline{\beta}]$ und $\mathcal{M} \models \psi[\overline{\beta}]$ beide gelten

(5) $\mathcal{M} \models \forall v_n \varphi[\overline{\beta}]$ gdw. für alle $a \in M$, $\mathcal{M} \models \varphi[\overline{\beta}(v_n|a)]$.

Betrachten wir die Formel $\forall v_0\, \forall v_1 v_0 = v_1$. Es gilt $\mathcal{M} \models \forall v_0 \forall v_1 v_0 = v_1[\overline{\beta}]$ gdw. für alle $a, b \in M$, $\mathcal{M} \models v_0 = v_1[\overline{\beta}(v_0|a)(v_1|b)]$ gdw. für alle $a, b \in M$, $\beta(v_0) = \beta(v_1)$, wobei β die durch $\overline{\beta}(v_0|a)(v_1|b)$ induzierte Terminterpretation ist, gdw. für alle $a, b \in M$, $\bar{\beta}(v_0|a)(v_1|b)(v_0) = \bar{\beta}(v_0|a)(v_1|b)(v_1)$ gdw. für alle $a, b \in M$, $a = b$. Es gilt also $\mathcal{M} \models \forall v_0 \forall v_1 v_0 = v_1[\overline{\beta}]$ gdw. die Trägermenge von $\mathcal{M}$ genau ein Element besitzt. In diesem Beispiel $\forall v_0 \forall v_1 v_0 = v_1$ und im Beispiel von Problem 4.1.5 (b) hängt die Frage, ob die gegebene Formel im fraglichen Modell unter der Belegung $\bar{\beta}$ gilt, gar nicht von $\bar{\beta}$ ab. Dieser Tatsache wollen wir nun nachgehen.

Wir definieren zunächst den Begriff der „freien Variablen". Sei $n \in \mathbb{N}$. Wir definieren „v_n kommt frei in der Formel φ vor". Wenn φ atomar ist, dann kommt v_n frei in φ vor gdw. v_n überhaupt in φ vorkommt. v_n kommt frei in $\neg\varphi$ vor gdw. v_n frei in φ vorkommt. v_n kommt frei in $\varphi \wedge \psi$ vor gdw. v_n frei in φ oder frei in ψ vorkommt. Schließlich kommt v_n frei in $\forall v_m \varphi$ vor gdw. $m \neq n$ und v_n frei in φ vorkommt.

Ein *$\mathcal{L}$-Satz* ist eine *$\mathcal{L}$-Formel*, in der keine freien Variablen vorkommen.

Beispielsweise ist $\forall v_1 \neg v_1 \in v_0$ eine Formel der Sprache der Mengenlehre (aber kein Satz) und $\exists v_0 \forall v_1 \neg v_1 \in v_0$ ist ein Satz der Sprache der Mengenlehre.

Satz 4.1.1 Sei φ eine $\mathcal{L}$-Formel, und sei $\mathcal{M}$ ein Modell von $\mathcal{L}$. Seien $\overline{\beta}_0$ und $\overline{\beta}_1$ $\mathcal{M}$-Belegungen, so dass $\overline{\beta}_0(v_n) = \overline{\beta}_1(v_n)$ für alle v_n, die frei in φ vorkommen. Dann gilt

4.1.1

$$\mathcal{M} \models \varphi[\overline{\beta}_0] \quad \text{gdw.} \quad \mathcal{M} \models \varphi[\overline{\beta}_1] \,.$$

Beweis: Wir zeigen diesen Satz durch Induktion nach der Formelkomplexität. Die Aussage gilt zunächst für atomares φ, da dann v_n frei in φ vorkommt gdw. v_n überhaupt in φ vorkommt. Sodann ergibt sich aus der Tatsache, dass die

Aussage für ψ_0 und ψ_1 gilt, sofort, dass die Aussage auch für φ gleich $\neg\psi_0$ und für φ gleich $\psi_0 \wedge \psi_1$ gilt.

Sei nun φ gleich $\forall v_m \psi$. v_n kommt frei in φ vor gdw. $n \neq m$ und v_n frei in ψ vorkommt. Für ein beliebiges a gilt also

$$\overline{\beta}_0(v_m|a)(v_n) = \overline{\beta}_1(v_m|a)(v_n)$$

für alle v_n, die frei in ψ vorkommen.

Damit gilt aber mit Hilfe der Induktionsvoraussetzung: $\mathcal{M} \models \varphi[\overline{\beta}_0]$ gdw. für alle $a \in M$, $\mathcal{M} \models \psi[\overline{\beta}_0(v_m|a)]$ gdw. für alle $a \in M$, $\mathcal{M} \models \psi[\overline{\beta}_1(v_m|a)]$ gdw. $\mathcal{M} \models \varphi[\overline{\beta}_1]$.   □

4.1.2   **Korollar 4.1.2**   Sei φ ein $\mathcal{L}$-Satz, und sei $\mathcal{M}$ ein Modell von $\mathcal{L}$. Seien $\overline{\beta}_0$ und $\overline{\beta}_1$ beliebige $\mathcal{M}$-Belegungen. Dann gilt

$$\mathcal{M} \models \varphi[\overline{\beta}_0] \quad \text{gdw.} \quad \mathcal{M} \models \varphi[\overline{\beta}_1] \, .$$

Für Sätze φ schreiben wir im Folgenden $\mathcal{M} \models \varphi$ anstelle von $\mathcal{M} \models \varphi[\overline{\beta}]$ und sagen in diesem Falle, dass φ *in $\mathcal{M}$ gilt* (oder, dass $\mathcal{M}$ *Modell von* φ ist).

4.1.3   **Definition 4.1.3**   Sei $\Sigma \cup \{\varphi\}$ eine Menge von Formeln. Wir sagen, dass Σ *(logisch) φ impliziert*, in Zeichen: $\Sigma \models \varphi$ gdw. für jedes Modell $\mathcal{M}$ und für jede $\mathcal{M}$-Belegung $\overline{\beta}$ gilt: wenn $\mathcal{M} \models \psi[\overline{\beta}]$ für alle $\psi \in \Sigma$, dann auch $\mathcal{M} \models \varphi[\overline{\beta}]$. Anstelle von $\emptyset \models \varphi$ schreiben wir auch $\models \varphi$ und sagen in diesem Falle, dass φ *(logisch) gültig* ist.   □

Für jede Menge Σ von Formeln schreiben wir $\mathcal{M} \models \Sigma[\overline{\beta}]$ anstelle von: für alle $\varphi \in \Sigma$, $\mathcal{M} \models \varphi[\overline{\beta}]$. Es gilt also $\Sigma \models \varphi$ gdw. für jedes Modell $\mathcal{M}$ und für jede $\mathcal{M}$-Belegung $\overline{\beta}$ gilt: wenn $\mathcal{M} \models \Sigma[\overline{\beta}]$, dann $\mathcal{M} \models \varphi[\overline{\beta}]$.

Der oben betrachtete Satz $\forall v_0\ v_0 = v_0$ ist also gültig. Dasselbe gilt übrigens auch für $\exists v_0\ v_0 = v_0$, das abkürzend die Formel $\neg \forall v_0\ \neg v_0 = v_0$ darstellt. Dies ist leicht nachzurechnen. Hingegen ist $\exists v_0 \exists v_1\ v_0 \neq v_1$ nicht gültig, aber es gilt z. B.

$$\{\exists v_0 \exists v_1 \exists v_2 (v_0 \neq v_1 \wedge v_1 \neq v_2 \wedge v_0 \neq v_2)\} \models \exists v_0 \exists v_1 v_0 \neq v_1\,.$$

Wir schreiben $\varphi \models \psi$ anstelle von $\{\varphi\} \models \psi$.

Definition 4.1.4 Seien φ und ψ Formeln einer Sprache $\mathcal{L}$ der Logik erster Stufe. φ und ψ heißen *(logisch) äquivalent* gdw. $\varphi \models \psi$ und $\psi \models \varphi$ gelten.

Eine $\mathcal{L}$-Formel φ heißt *erfüllbar* gdw. $\neg\varphi$ nicht logisch gültig ist, d. h. wenn es ein Modell $\mathcal{M}$ und eine $\mathcal{M}$-Belegung $\overline{\beta}$ gibt, so dass $\mathcal{M} \models \varphi[\overline{\beta}]$. Eine beliebige Menge Γ von $\mathcal{L}$-Formeln heißt *erfüllbar* gdw. es ein Modell $\mathcal{M}$ und eine $\mathcal{M}$-Belegung $\overline{\beta}$ gibt, so dass $\mathcal{M} \models \varphi[\overline{\beta}]$ für alle $\varphi \in \Gamma$ gilt. (Wenn Γ erfüllbar ist, dann ist jedes $\varphi \in \Gamma$ erfüllbar; die Umkehrung hiervon gilt jedoch nicht.) Eine beliebige Menge Γ von $\mathcal{L}$-Formeln heißt *endlich erfüllbar* gdw. jede endliche Menge $\overline{\Gamma} \subset \Gamma$ erfüllbar ist.   □

4.1.4

Offensichtlich ist jedes erfüllbare Γ auch endlich erfüllbar. Die überraschende Aussage, dass hiervon auch die Umkehrung gilt, dass nämlich jedes endlich erfüllbare Γ auch erfüllbar ist, ist der Kompaktheitssatz 4.2.6, der im nächsten Abschnitt bewiesen wird und der in Abschnitt 4.3 für die Konstruktion von Nichtstandardmodellen verwandt werden wird.

Sei $\mathcal{M}$ ein Modell von $\mathcal{L}$. Sei φ eine Formel, in der genau die Variablen $v_{i_0}, \ldots, v_{i_{n-1}}$ frei vorkommen. (Wir teilen dann φ auch durch $\varphi(v_{i_0}, \ldots, v_{i_{n-1}})$ mit.) Sei $a_{i_0}, \ldots, a_{i_{n-1}} \in M$, der Trägermenge von $\mathcal{M}$. Wir schreiben dann kurz

$$\mathcal{M} \models \varphi(a_{i_0}, \ldots, a_{i_{n-1}})$$

anstelle von: $\mathcal{M} \models \varphi[\overline{\beta}]$, wobei $\overline{\beta}(v_{i_j}) = a_{i_j}$ für alle $j < n$. Diese Schreibweise ist aufgrund von Satz 4.1.1 sinnvoll.

4.1.5

Definition 4.1.5 Sei $\mathcal{M}$ ein Modell der durch I, K, J, n gegebenen Sprache $\mathcal{L}$. Sei M die Trägermenge von $\mathcal{M}$. Für $X \subset M$ schreiben wir

$$X \prec \mathcal{M}$$

und sagen, dass X (die Trägermenge einer) *elementare(n) Substruktur* von $\mathcal{M}$ ist, falls folgendes gilt:

(a) für $k \in K$ ist $c_k^{\mathcal{M}} \in X$

(b) für $j \in J$ und $a_0, \ldots, a_{n_j-1} \in X$
ist auch $f_j^{\mathcal{M}}(a_0, \ldots, a_{n_j-1}) \in X$

(c) Sei $\mathcal{M} \restriction X = (X; (P_i^{\mathcal{M}} \cap X^{n_i} : i \in I), (c_k^{\mathcal{M}} : k \in K), (f_j^{\mathcal{M}} \restriction X : j \in J))$. (Wegen (a) und (b) ist $\mathcal{M} \restriction X$ ein Modell von $\mathcal{L}$.) Dann gilt für jede $\mathcal{L}$-Formel φ und für jede $\mathcal{M} \restriction X$-Belegung $\bar{\beta}$

$$\mathcal{M} \restriction X \models \varphi[\bar{\beta}] \iff \mathcal{M} \models \varphi[\bar{\beta}] \,. \qquad \square$$

Der folgende Satz wird als TARSKI–VAUGHT-*Kriterium* bezeichnet.

Satz 4.1.1 (Tarski-Vaught) Sei $\mathcal{M}$ ein Modell der durch I, K, J, n gegebenen Sprache $\mathcal{L}$, sei M die Trägermenge von $\mathcal{M}$, und sei $X \subset M$. Angenommen es gilt für jede $\mathcal{L}$-Formel φ, für jedes $n \in \mathbb{N}$ und für jede $\mathcal{M} \restriction X$-Belegung $\bar{\beta}$: wenn $\mathcal{M} \models \exists v_n \varphi[\bar{\beta}]$, dann existiert ein $a \in X$ mit $\mathcal{M} \models \varphi[\bar{\beta}(v_n|a)]$. Dann gilt $X \prec \mathcal{M}$.

4.1.1

Beweis: Zuerst lehrt die Betrachtung von $\exists v_0 v_0 = c_k$ für $k \in K$ und $\exists v_{n_j} v_{n_j} = f_j v_0 \cdots v_{n_{j-1}}$ für $j \in J$, dass (a) und (b) von Definition 4.1.5 gelten. Wir zeigen

$$\mathcal{M} \restriction X \models \varphi[\bar{\beta}] \iff \mathcal{M} \models \varphi[\bar{\beta}]$$

für alle Formeln φ und alle $\mathcal{M} \restriction X$-Belegungen $\bar{\beta}$ durch Induktion nach der Formelkomplexität simultan für alle $\bar{\beta}$. Der einzig nichttriviale Fall ist derjenige, dass φ gleich $\forall v_n \psi$ für ein $n \in \mathbb{N}$ und eine Teilformel ψ von φ ist. Nun, wenn $\mathcal{M} \models \forall v_n \psi[\bar{\beta}]$, dann gilt für alle $a \in M$, dass $\mathcal{M} \models \psi[\bar{\beta}(v_n|a)]$, also erst recht für alle $a \in X$, dass $\mathcal{M} \models \psi[\bar{\beta}(v_n|a)]$, und somit gilt mit Hilfe der Induktionsvoraussetzung, dass $\mathcal{M} \restriction X \models \forall v_n \psi[\bar{\beta}]$.

Sei nun umgekehrt $\mathcal{M} \models \forall v_n \psi[\bar{\beta}]$ falsch, d. h. $\mathcal{M} \models \exists v_n$ $\neg\psi[\bar{\beta}]$. Nach Voraussetzung existiert dann ein $a \in X$ mit $\mathcal{M} \models \neg\varphi[\bar{\beta}(v_n|a)]$, und somit gilt mit Hilfe der Induktionsvoraussetzung, dass $\mathcal{M} \restriction X \models \exists v_n \neg\psi[\bar{\beta}]$, d. h. $\mathcal{M} \restriction X \models \forall v_n \psi[\bar{\beta}]$ ist falsch.   □

4.1.2   **Satz 4.1.2** **(Löwenheim-Skolem)** Sei $\mathcal{M}$ ein Modell der durch I, K, J, n gegebenen Sprache $\mathcal{L}$, wobei $I \cup K \cup J$ höchstens abzählbar ist. Sei M die Trägermenge von $\mathcal{M}$. Dann gibt es ein höchstens abzählbares $X \subset M$ mit $X \prec \mathcal{M}$.

Beweis: Wir konstruieren zunächst eine Folge $(X_k : k \in \mathbb{N})$ höchstens abzählbarer Teilmengen von M wie folgt.

Sei $X_0 \subset M$ nichtleer und höchstens abzählbar. Sei dann X_k bereits gewählt, so dass X_k höchstens abzählbar ist. Für jede Formel der Gestalt $\exists v_n \varphi(v_{i_0}, \ldots, v_{i_{k-1}})$, wobei die Teilformel $\varphi(v_{i_0}, \ldots, v_{i_{k-1}})$ genau die freien Variablen $v_{i_0}, \ldots, v_{i_{k-1}}$ enthalte, und für jede Funktion $b \colon \{i_0, \ldots, i_{k-1}\} \to X_k$ wählen wir dann mit Hilfe des Auswahlaxioms 3.2.1 ein $x(\exists v_n \varphi, b) \in M$, so dass gilt: wenn $\bar{\beta} \colon \{v_0, v_1, \ldots\} \to X_k$, wobei $\bar{\beta}(v_{i_0}) = b(i_0), \ldots, \bar{\beta}(v_{i_{k-1}}) = b(i_{k-1})$ und wenn $\mathcal{M} \models \exists v_n \varphi[\bar{\beta}]$, dann gilt auch $\mathcal{M} \models \varphi[\bar{\beta}(v_n|x(\exists v_n \varphi, b))]$. Wegen Satz 4.1.1 kann ein solches $x(\exists v_n \varphi, b)$, welches nur von $\exists v_n \varphi$ und von b (und nicht vom „Rest" von $\bar{\beta}$) anhängt, tatsächlich gewählt werden.

Wir setzen dann

$$X_{k+1} = X_k \cup \{x(\exists v_n \varphi, b) \colon \exists v_n \varphi \text{ und } b \text{ sind wie oben}\}.$$

Wegen Problem 4.1.1 und Problem 1.1.11 (b) ist mit X_k auch X_{k+1} höchstens abzählbar.

Dies beendet die Konstruktion von $(X_k : k \in \mathbb{N})$. Aufgrund von Lemma 3.2.17 ist dann

$$X = \bigcup \{X_n : n \in \mathbb{N}\}$$

immer noch höchstens abzählbar. Aufgrund des TARSKI-VAUGHT-Kriteriums 4.1.1 gilt nun aber $X \prec \mathcal{M}$. $\qquad \square$

Korollar 4.1.6 Wenn es ein Modell von VGK bzw. von ZFC gibt, dann gibt es auch ein Modell von VGK bzw. von ZFC mit abzählbarer Trägermenge.

4.1.6

Sei $\mathcal{M}$ ein Modell der Sprache $\mathcal{L}$. Eine n-stellige Relation $R \subset M^n$ heißt *über $\mathcal{M}$ definierbar* gdw. es eine Formel $\varphi(v_0, \ldots, v_{n-1})$ gibt, in der genau die Variablen $v_0, \ldots, v_{n-1}$ frei vorkommen, so dass für alle $a_0, \ldots, a_{n-1} \in M$:

$$(a_0, \ldots, a_{n-1}) \in R \text{ gdw. } \mathcal{M} \models \varphi(a_0, \ldots, a_{n-1}) \,.$$

Für $\mathcal{M} = (M; (R_i : i \in I), (c_k : k \in K), (F_j : j \in J))$ sind trivialerweise alle Relationen R_i über $\mathcal{M}$ definierbar; es gibt aber im Allgemeinen noch weitere definierbare Relationen. Betrachten wir etwa wieder das Standard-Modell

$$\mathcal{N} = (\mathbb{N}; <, 0, 1, +, \cdot, E)$$

der Sprache von PA. Es ist nicht wirklich nötig, $<$ zu $\mathcal{N}$ hinzuzunehmen: die Relation $<$ ist über dem Modell

$$(\mathbb{N}; 0, +)$$

mit Hilfe der Formel $\exists v_2(v_2 \neq 0 \wedge v_0 + v_2 = v_1)$ definierbar:

$$n < m \quad \text{gdw.} \quad (\mathbb{N}; 0, +) \models \exists v_2(v_2 \neq 0 \wedge n + v_2 = m).$$

Man kann zeigen, dass die Exponentiation über

$$(\mathbb{N}; <, 0, 1, +, \cdot)$$

definierbar ist (siehe z. B. [4]), d. h. dass es eine Formel φ gibt, so dass

$$n^m = q \quad \text{gdw.} \quad (\mathbb{N}; <, 0, 1, +, \cdot) \models \varphi(n, m, q).$$

Auf der anderen Seite ist z. B. die Addition nicht über

$$(\mathbb{N}; 0, 1, \cdot)$$

und die Multiplikation nicht über

$$(\mathbb{N}; <, 0, 1, +)$$

definierbar (siehe ebenfalls [4]). Ersteres lässt sich folgendermaßen zeigen.

4.1.7

Definition 4.1.7 Seien $\mathcal{M}$ und $\mathcal{M}'$ mit Trägermengen M bzw. M' zwei Modelle der durch I, K, J, n gegebenen Sprache. Eine injektive Abbildung $\pi \colon M \to M'$ heißt ein *Homomorphismus von $\mathcal{M}$ nach $\mathcal{M}'$* gdw.

(1) $(a_0, \ldots, a_{n_i-1}) \in P_i^{\mathcal{M}}$ gdw. $(\pi(a_0), \ldots, \pi(a_{n_i-1})) \in P_i^{\mathcal{M}'}$ für alle $i \in I$ und $a_0, \ldots, a_{n_i-1} \in M$,

(2) $\pi(c_k^{\mathcal{M}}) = c_k^{\mathcal{M}'}$, und

(3) $\pi(f_j^{\mathcal{M}}(a_0, \ldots, a_{n_j-1})) = f_j^{\mathcal{M}'}(\pi(a_0), \ldots, \pi(a_{n_j-1}))$ für
alle $j \in J$ und a_0, ..., $a_{n_j-1} \in M$.

Die Abbildung $\pi \colon M \to M'$ heißt ein *Isomorphismus von $\mathcal{M}$ auf $\mathcal{M}'$* gdw. π ein bijektiver Homomorphismus von $\mathcal{M}$ nach $\mathcal{M}'$ ist, und π heißt *Automorphismus* gdw. zusätzlich $\mathcal{M} = \mathcal{M}'$ gilt. $\square$

Die folgende Aussage ist leicht zu zeigen (siehe Problem 4.1.9).

Satz 4.1.8 Sei $\pi \colon M \to M'$ ein Homomorphismus von $\mathcal{M}$ **4.1.8**
nach $\mathcal{M}'$. Sei $\bar{\beta}$ eine $\mathcal{M}$-Belegung, und sei β die durch $\bar{\beta}$ induzierte Terminterpretation. Sei die $\mathcal{M}'$-Belegung $\bar{\beta}'$ definiert durch $\bar{\beta}'(v_n) = \pi(\bar{\beta}(v_n))$ für $n \in \mathbb{N}$, und sei β' die durch $\bar{\beta}'$ induzierte Terminterpretation. Dann haben wir:

(a) Für alle Terme τ ist $\pi(\beta(\tau)) = \beta'(\tau)$.

(b) Für alle Formeln φ, in denen keine Quantoren vorkommen, gilt, dass $\mathcal{M} \models \varphi[\bar{\beta}]$ gdw. $\mathcal{M}' \models \varphi[\bar{\beta}']$.

(c) Wenn π ein Isomorphismus von $\mathcal{M}$ auf $\mathcal{M}'$ ist, dann gilt für alle Formeln φ, dass $\mathcal{M} \models \varphi[\bar{\beta}]$ gdw. $\mathcal{M}' \models \varphi[\bar{\beta}']$.

Die Äquivalenz in (c) bedeutet, dass

$$\mathcal{M} \models \varphi(a_{i_0}, \ldots, a_{i_{n-1}})$$
$$\text{gdw.} \quad \mathcal{M}' \models \varphi(\pi(a_{i_0}), \ldots, \pi(a_{i_{n-1}})) \, ,$$

wenn in der Formel φ genau die Variablen $v_{i_0}, \ldots, v_{i_{n-1}}$ frei vorkommen und $\bar{\beta}(v_{i_0}) = a_{i_0}, \ldots, \bar{\beta}(v_{i_{n-1}}) = a_{i_{n-1}}$.

Angenommen nun, die Addition wäre über der Struktur $(\mathbb{N}; 0, 1, \cdot)$ definierbar. Dann hätten wir für jeden Automorphismus $\pi \colon \mathbb{N} \to \mathbb{N}$ von $(\mathbb{N}; 0, 1, \cdot)$, dass $\pi(n + m) = \pi(n) + \pi(m)$ für alle $n, m \in \mathbb{N}$. Wäre nämlich φ so, dass

$$ n + m = q \iff (\mathbb{N}; 0, 1, \cdot) \models \varphi(n, m, q) $$

für alle $n, m, q \in \mathbb{N}$, dann gilt $q = n + m$ gdw. $(\mathbb{N}; 0, 1, \cdot) \models \varphi(n, m, q)$ gdw. $(\mathbb{N}; 0, 1, \cdot) \models \varphi(\pi(n), \pi(m), \pi(q))$ gdw. $\pi(q) = \pi(n) + \pi(m)$ und damit $\pi(n + m) = \pi(n) + \pi(m)$ für alle $n, m, q \in \mathbb{N}$.

Ein Automorphismus π von $(\mathbb{N}; 0, 1, \cdot)$ nach $(\mathbb{N}; 0, 1, \cdot)$ läßt sich aber wie folgt hinschreiben. Sei $(p_n \colon n \in \mathbb{N})$ wie in Problem 1.1.11 die natürliche Aufzählung aller Primzahlen. Setze $\pi(0) = 0$, $\pi(1) = 1$, $\pi(2) = 3$, $\pi(3) = 2$ und $\pi(p_i) = p_i$ für alle $i \geq 2$. Für natürliche Zahlen $n \geq 2$ mit Primfaktorzerlegung

$$ n = p_{i_0}^{k_0} \cdot \ldots \cdot p_{i_{m-1}}^{k_{m-1}} $$

sei

$$ \pi(n) = \pi(p_{i_0})^{k_0} \cdot \ldots \cdot \pi(p_{i_{m-1}})^{k_{m-1}} . $$

Es gilt dann $\pi(1 + 1) = \pi(2) = 3 \neq 2 = 1 + 1 = \pi(1) + \pi(1)$. Widerspruch!

Problem 4.1.1   Seien I, K, J, n so, dass $I \cup K \cup J$ höchstens
abzählbar ist. Beweisen Sie die folgenden Aussagen.

(a) Es gibt abzählbar viele Ausdrücke in der durch I, K, J, n
     gegebenen Sprache der Logik erster Stufe. (Hinweis: Pro-
     blem 1.1.11.)

(b) Es gibt abzählbar viele Formeln in der durch I, K, J, n
     gegebenen Sprache der Logik erster Stufe.

4.1.1

Problem 4.1.2 ° Welche der folgenden Ausdrücke der Sprache
von PA sind Terme (in polnischer Notation)?

(a) $+001$
(b) $+ + \cdot v_4 v_6 + 0 v_1 1$
(c) $(v_3 \wedge v_5)$

4.1.2

Problem 4.1.3 ° Welche der folgenden Ausdrücke der Sprache
von PA sind Formeln (in polnischer Notation)?

(a) $< +01$
(b) $\forall v_3 (= 0 v_3 \wedge \neg < v_2 + 01)$

4.1.3

Problem 4.1.4 ° Sei $\mathcal{N}$ das oben angegebene Standard-Modell
der Sprache von PA. Sei $\bar{\beta}$ eine $\mathcal{N}$-Belegung, wobei $\bar{\beta}(v_1) = 5$
und $\bar{\beta}(v_5) = 7$. Sei β die durch $\bar{\beta}$ induzierte Terminterpretation.
Berechnen Sie die folgenden Zahlen.

(a) $\beta(1 + (v_5 \cdot v_1))$
(b) $\beta((0 \cdot v_3) + v_5)$

4.1.4

4.1.5

Problem 4.1.5 ° Sei $M = \{1, 2, 3, 4, 5\}$, und sei $R \subset M \times M$ durch das folgende Diagramm gegeben.

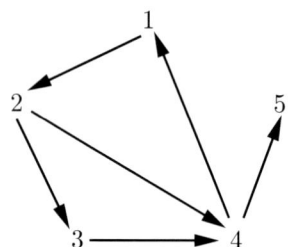

Dabei bedeutet ein Pfeil von n nach m, dass $(n, m) \in R$. Setze $\mathcal{M} = (M; R)$. Wir können $\mathcal{M}$ als Modell der Sprache $\mathcal{L}$ auffassen, wobei $\mathcal{L}$ ein zweistelliges Prädikatsymbol, etwa $<$, besitzt, welches durch R interpretiert werden soll, d. h. $<^{\mathcal{M}} = R$. Sei $\bar{\beta}$ eine $\mathcal{M}$-Belegung, wobei $\bar{\beta}(v_n) = n$ für alle $n \in M$. Welche der folgenden Aussagen sind richtig?

(a) $\mathcal{M} \models (v_1 < v_4 \wedge v_4 < v_5) \rightarrow v_1 < v_5 [\bar{\beta}]$
(b) $\mathcal{M} \models (v_2 < v_4 \wedge v_4 < v_5) \rightarrow v_2 < v_5 [\bar{\beta}]$
(c) $\mathcal{M} \models (v_2 < v_3 \wedge v_3 < v_4) \rightarrow v_2 < v_4 [\bar{\beta}]$
(d) $\mathcal{M} \models \forall v_2 \forall v_3 \forall v_4 ((v_2 < v_3 \wedge v_3 < v_4) \rightarrow v_2 < v_4) [\bar{\beta}]$
(e) $\mathcal{M} \models \neg \exists v_1\ v_5 < v_1 [\bar{\beta}]$
(f) $\mathcal{M} \models \neg \exists v_1 \forall v_2\ v_2 < v_1 [\bar{\beta}]$

4.1.6

Problem 4.1.6 ° Welche der folgenden Formeln der Sprache der Mengenlehre sind Sätze?

(a) $\forall v_3 \exists v_1 v_3 \in v_1 \wedge v_3 \in v_1$
(b) $\forall v_3 \exists v_1 (v_3 \in v_1 \wedge v_3 \in v_1)$

Problem 4.1.7 Zeigen Sie die folgenden Aussagen. Dabei sei-   **4.1.7**
en S und T einstellige Prädikatsymbole, R sei ein zweistelliges
Prädikatsymbol und τ und σ seien Terme.

(a) $\models \forall v_0\ v_0 = v_0$
(b) $\models \exists v_0\ v_0 = v_0$
(c) $\exists v_0 \exists v_1\ v_0 \neq v_1$ ist nicht gültig
(d) $\{\exists v_0 \exists v_1 \exists v_2 (v_0 \neq v_1 \land v_1 \neq v_2 \land v_0 \neq v_2)\} \models \exists v_0 \exists v_1 v_0 \neq v_1$.
(e) $\models \exists v_0 \forall v_1 R v_0 v_1 \rightarrow \forall v_1 \exists v_0 R v_0 v_1$.
(f) $\models \forall v_0 (S v_0 \rightarrow T v_0) \rightarrow (\forall v_0 S v_0 \rightarrow \forall v_0 T v_0)$.
(g) $(\forall v_0 S v_0 \rightarrow \forall v_0 T v_0) \rightarrow \forall v_0 (S v_0 \rightarrow T v_0)$ ist nicht gültig.
(h) $\models \forall v_0 S v_0 \rightarrow S v_1$.
(i) $\models R \tau \sigma \rightarrow \exists v_2 \exists v_3 R v_2 v_3$.

Problem 4.1.8 ° Finden Sie eine Formelmenge Γ, so dass Γ nicht   **4.1.8**
erfüllbar ist, aber jedes $\varphi \in \Gamma$ erfüllbar ist.

Problem 4.1.9   Beweisen Sie Satz 4.1.8!   **4.1.9**

Das folgende Problem befasst sich mit der Frage der Abso-
lutheit von Formeln zwischen verschiedenen Modellen.
Sei φ eine Formel der Sprache von PA. Dann ist φ eine Σ_0-
Formel gdw. φ in jeder Menge M von Formeln der Sprache
von PA liegt, für die gilt:

(a) jede atomare Formel liegt in M, und
(b) wenn ψ und ψ' in M liegen, wenn $i \in \mathbb{N}$ und wenn τ
    ein Term ist, in dem die Variable v_i nicht vorkommt,
    dann liegen auch $\neg\psi$, $(\psi \land \psi')$ und $\forall v_i(v_i < \tau \rightarrow \psi)$
    in M.

(Unter Benützung der Abkürzungen liegen dann auch $(\psi \lor \psi')$, $(\psi \to \psi')$, $(\psi \leftrightarrow \psi')$ und $\exists v_i(v_i < \tau \land \psi)$ in M. Man schreibt of $\forall v_i < \tau \ \psi$ anstelle von $\forall v_i(v_i < \tau \to \psi)$ und $\exists v_i < \tau \ \psi$ anstelle von $\exists v_i(v_i < \tau \land \psi)$.)

Eine Formel φ der Sprache von PA heißt eine Σ_1–*Formel* gdw. φ von der Gestalt

$$\exists v_{i_0} \cdots \exists v_{i_k} \ \psi$$

ist, wobei ψ eine Σ_0-Formel ist. Eine Formel φ der Sprache von PA heißt eine Π_1–*Formel* gdw. φ von der Gestalt

$$\forall v_{i_0} \cdots \forall v_{i_k} \ \psi$$

ist, wobei ψ eine Σ_0-Formel ist.

4.1.10   **Problem 4.1.10** [*] Sei $\mathcal{M}$ mit Trägermenge M ein Modell der Sprache von PA, und sei $X \subset M$ so, dass $\mathcal{M} \restriction X$ ebenfalls ein Modell der Sprache von PA ist, wobei zusätzlich aus $b <^{\mathcal{M}} a$ und $a \in X$ stets $b \in X$ folgen soll. Sei $\bar{\beta}$ eine $\mathcal{M} \restriction X$-Belegung. Zeigen Sie die folgenden Aussagen.

(a) Sei φ eine Σ_0-Formel. Es gilt $\mathcal{M} \restriction X \models \varphi[\bar{\beta}]$ gdw. $\mathcal{M} \models \varphi[\bar{\beta}]$. (Hinweis: Induktion nach der Komplexität von φ. Wenn $\mathcal{M} \models \exists v_n(v_n < \tau \land \psi)[\bar{\beta}]$, wobei v_n in τ nicht vorkommt und $\bar{\beta}$ eine $\mathcal{M} \restriction X$-Belegung ist, dann gilt für jedes $b \in M$ und für jede durch $\bar{\beta}(v_n|b)$ induzierte Terminterpretation β, dass $\beta(\tau) \in X$, so dass $\mathcal{M} \models (v_n < \tau \land \psi)[\bar{\beta}(v_n|b)]$ liefert, dass $b \in X$.)

(b) Sei φ eine Σ_1-Formel. Wenn $\mathcal{M} \restriction X \models \varphi[\bar{\beta}]$, dann gilt auch $\mathcal{M} \models \varphi[\bar{\beta}]$.

(c) Sei φ eine Π_1-Formel. Wenn $\mathcal{M} \models \varphi[\bar{\beta}]$, dann gilt auch $\mathcal{M} \restriction X \models \varphi[\bar{\beta}]$.

Problem 4.1.11 Sei $\mathcal{L}$ die Sprache der Gruppentheorie, d. h. $\mathcal{L}$ enthalte die Konstante 0 für das neutrale Element und das Symbol + für die Addition. Dann sind z. B. $(\mathbb{R}^2; (0,0), +)$, $(\mathbb{Z}; 0, +)$, $(\mathbb{Q}; 0, +)$, $(\mathbb{R}; 0, +)$ und $(\mathbb{R} \setminus \{0\}; 1, \cdot)$ Modelle von $\mathcal{L}$. Beweisen Sie die folgen Aussagen.   **4.1.11**

(a) $\{(x,y) \in \mathbb{R}^2 : x = 0\}$ ist nicht über $(\mathbb{R}^2; (0,0), +)$ definierbar.
(b) $\{(x,y) \in \mathbb{Z}^2 : x \leq y\}$ ist nicht über $(\mathbb{Z}; 0, +)$ definierbar.
(c) $\{(x,y,z) \in \mathbb{Q}^3 : x \cdot y = z\}$ ist nicht über $(\mathbb{Q}; 0, +)$ definierbar.
(d) $\{x \in \mathbb{R} : x = \pi\}$ ist weder über $(\mathbb{R}; 0, +)$ noch über $(\mathbb{R}; 1, \cdot)$ definierbar. (Hierbei ist π die Kreiszahl.)
(e) $\mathbb{Q} \setminus \{0\}$ ist nicht über $(\mathbb{R} \setminus \{0\}; 1, \cdot)$ definierbar.

Problem 4.1.12 Sei wieder $\mathcal{N} = (\mathbb{N}; <, 0, 1, +, \cdot, E)$. Beweisen Sie die folgen Aussagen. Dabei sei wieder $(p_n : n \in \mathbb{N})$ die natürliche Aufzählung aller Primzahlen.   **4.1.12**

(a) $\{p \in \mathbb{N} : p \text{ ist eine Primzahl }\}$ ist über $\mathcal{N}$ definierbar.
(b) $\{(n, p_n) \in \mathbb{N} \times \mathbb{N} : n \in \mathbb{N}\}$ ist über $\mathcal{N}$ definierbar. (Hinweis: $m = p_n$ gdw. m eine Primzahl ist und es eine Zahl q der Gestalt $\prod_{i<k} p_i^{i+1}$ gibt, so dass zwar m^{n+1}, aber nicht m^{n+2}, die Zahl q teilt.)
(c) Die Menge C aller $n \in \mathbb{N}$, welche von der Gestalt

$$\prod_{i<k} p_i^{j(i)+1}$$

für geeignete k, $j(0)$, ..., $j(k-1) \in \mathbb{N}$ sind, ist über $\mathcal{N}$ definierbar. (Für $n = \prod_{i<k} p_i^{j(i)+1} \in C$ kodiert n in gewisser Weise die Folge $(j(0), \ldots, j(k-1))$.)

(c) $\{(n,i,j) \in \mathbb{N}^3 : n \in C$ und wenn $n = \prod_{l<k} p_l^{j(l)+1}$, dann gilt $k > i$ und $j = j(i)\}$ ist über $\mathcal{N}$ definierbar.

Die folgende Aufgabe beschäftigt sich mit einer „Gödelisierung" der Sprache von PA. Die Ergebnisse werden im Abschnitt 4.4 beim Beweis von Satz 4.4.1 benutzt.

Seien $n = \prod_{i<k} p_i^{j(i)+1}$, $m = \prod_{i<l} p_i^{j'(i)+1} \in C$. Wir schreiben dann $n^\frown m$ für $\prod_{i<k} p_i^{j(i)+1} \cdot \prod_{i<l} p_{k+i}^{j'(i)+1}$. Wenn also n und m Folgen kodieren, dann kodiert $n^\frown m$ die *Verkettung* dieser beiden Folgen.

Wir wollen Ausdrücke der Sprache von PA als (endliche) Folgen natürlicher Zahlen auffassen, indem wir die folgenden Identifikationen durchführen: (gleich 0,) gleich 1, $\neg$ gleich 2, $\wedge$ gleich 3, $\forall$ gleich 4, das Gleichheitszeichen = sei die Zahl 5, $<$ gleich 6, die Konstante für die 0 sei gleich 7, die Konstante für die 1 sei gleich 8, $+$ gleich 9, $\cdot$ gleich 10, das unsichtbare zweistellige Exponentiationssymbol sei die Zahl 11 und für $i \in \mathbb{N}$ sei die Variable v_i gleich $12 + i$. Damit identifizieren wir beispielsweise die Formel $< 0 + 01$ (in polnischer Notation) mit der Folge $(6, 7, 9, 7, 8)$.

Eine n-stellige Relation $R \subset M^n$ heißt über dem Modell $\mathcal{M}$ der Sprache von PA Σ_1–*definierbar* gdw. es eine Σ_1-Formel $\varphi(v_0, \ldots, v_{n-1})$ gibt, in der genau die Variablen $v_0, \ldots, v_{n-1}$ frei vorkommen, so dass für alle $a_0, \ldots, a_{n-1} \in M$:

$$(a_0, \ldots, a_{n-1}) \in R \quad \text{gdw.} \quad \mathcal{M} \models \varphi(a_0, \ldots, a_{n-1}).$$

Der Begriff der Π_1-*Definierbarkeit* ist völlig analog definiert.

Problem 4.1.13 * Zeigen Sie die folgenden Aussagen: 4.1.13

(a) $\{(n, m, n^\frown m) : n, m \in C\}$ ist über $\mathcal{N}$ sowohl Σ_1- als auch Π_1-definierbar.

(b) $T = \{n \in C : n$ kodiert einen Term der Sprache von PA $\}$ ist über $\mathcal{N}$ sowohl Σ_1- als auch Π_1-definierbar. (Hinweis: $n \in T$ gdw. eine (endliche) Folge mit letztem Folgenglied n existiert, so dass jedes Folgenglied entweder eine Variable oder eine Konstante ist oder aus früheren Folgengliedern durch Verschachteln hervorgeht. Benutzen Sie dann (a).)

(c) Sei $TI = \{(n, i, m, q) \in T \times \mathbb{N} \times C \times \mathbb{N} : n$ kodiert einen Term τ der Sprache von PA, dessen Variablen in $\{v_0, \dots, v_i\}$ enthalten sind, m kodiert eine Folge der Gestalt $(k_0, \dots, k_i)$, und $\beta(\tau) = q$, wobei β die durch ein $\bar{\beta}$ induzierte Terminterpretation ist, so dass $\bar{\beta}(v_0) = k_0, \dots, \bar{\beta}(v_k) = k_k\}$. Dann ist TI über $\mathcal{N}$ sowohl Σ_1- als auch Π_1-definierbar.

(d) $At = \{n \in C : n$ kodiert eine atomare Formel der Sprache von PA $\}$ ist über $\mathcal{N}$ sowohl Σ_1- als auch Π_1-definierbar. (Hinweis: Benutzen Sie (b).)

(e) $F_0 = \{n \in C : n$ kodiert eine Σ_0-Formel der Sprache von PA $\}$, $F = \{n \in C : n$ kodiert eine Formel der Sprache von PA $\}$ und $\tilde{F} = \{(n, \bar{n}) \in C \times C : n$ kodiert eine Formel φ der Sprache von PA und $\bar{n}$ kodiert eine Teilformel von $\varphi\}$ sind über $\mathcal{N}$ jeweils sowohl Σ_1- als auch Π_1-definierbar. (Hinweis: Benutzen Sie (c) und die Methode des Beweises von (b).)

(f) $Ax = \{n \in C : n$ kodiert ein Axiom von PA $\}$ ist über $\mathcal{N}$ sowohl Σ_1- als auch Π_1-definierbar.

(g) Sei $\models_0$ die Menge aller $(n, i, m) \in F_0 \times \mathbb{N} \times C$, so dass
     $n \in F_0$ eine Σ_0-Formel φ von PA kodiert, deren Variab-
     len in $\{v_0, \ldots, v_i\}$ enthalten sind, m eine Folge der Ge-
     stalt $(k_0, \ldots, k_i)$ kodiert und $\mathcal{N} \models \varphi[\bar{\beta}]$ für alle (eine) Be-
     legung $\bar{\beta}$ gilt, so dass $\bar{\beta}(v_j) = k_j$ für alle $j \leq i$. Dann ist
     $\models_0$ über $\mathcal{N}$ sowohl Σ_1- als auch Π_1-definierbar. (Hinweis:
     $(n, i, m) \in \models_0$ gdw. ein $K \in \mathbb{N}$ und eine (endliche) Folge
     f von Tripeln $(n', m', k) \in F_0 \times C \times \{0, 1\}$ mit Folgenglied
     $(n, m, 1)$ existiert, so dass n eine Σ_0-Formel φ kodiert und
     folgendes gilt:

   (i)   wenn n' eine Teilformel von φ kodiert und wenn m'
         eine Folge der Gestalt $(k_0, \ldots, k_i)$ mit k_0, ..., $k_j < K$
         kodiert, dann gibt es *genau ein* Folgenglied von f der
         Gestalt (n', m', k) für ein $k \in \{0, 1\}$,

   (ii) wenn (n', m', k) ein Folgenglied von f ist, dann kodiert
         n' eine Teilformel von φ und m' kodiert eine Folge der
         Gestalt $(k_0, \ldots, k_i)$ mit k_0, ..., $k_i < N$,

   (iii) wenn (n', m', k) ein Folgenglied von f ist, wobei n'
         eine atomare Formel ψ kodiert, dann gilt $k = 1$ gdw. ψ
         wahr in $\mathcal{N}$ unter der durch m' gegebenen Belegung ist,

   (iv) wenn (n', m', k) ein Folgenglied von f ist, wobei n' eine
         Formel der Gestalt $\neg\psi$ kodiert, dann ist $(\bar{n}, m', 1 - k)$
         Folgenglied von f, wobei $\bar{n}$ die Formel ψ kodiert,

   (v)   wenn (n', m', k) ein Folgenglied von f ist, wobei n' eine
         Formel der Gestalt $(\psi_1 \wedge \psi_2)$ kodiert, dann gilt $k = 1$
         gdw. sowohl $(\bar{n}, m', 1)$ als auch $(\bar{m}, m', 1)$ Folgenglieder
         von f sind, wobei $\bar{n}$ die Formel ψ_1 und $\bar{m}$ die Formel
         ψ_2 kodiert, und

   (vi) wenn (n', m', k) ein Folgenglied von f ist, wobei n' eine
         Formel der Gestalt $\forall v_j (v_j < \tau \rightarrow \varphi)$ kodiert, dann
         gilt $k = 1$ gdw. für alle $x < K$ das Tripel $(\bar{n}, m'', 1)$
         Folgenglied von f ist, wobei $\bar{n}$ die Formel $v_j < \tau \rightarrow \varphi$

kodiert und m'' eine Belegung kodiert, die aus der von m' kodierten Belegung dadurch hervorgeht, dass x als Wert für die Variable v_j angenommen wird.)

4.2 Ultraprodukte und Kompaktheit

Wir wollen nun die Methode der Ultraproduktbildung von Modellen kennenlernen.

Definition 4.2.1 Sei $\mathfrak{J} \neq \emptyset$ eine beliebige Menge. Eine Menge F von Teilmengen von $\mathfrak{J}$ heißt ein *Filter auf* $\mathfrak{J}$ gdw.

(a) wenn $X \in F$ und $Y \in F$, dann ist auch $X \cap Y \in F$,
(b) wenn $X \in F$ und $Y \supset X$, wobei $Y \subset \mathfrak{J}$, dann ist auch $Y \in F$,
(c) $\mathfrak{J} \in F$, und
(d) $\emptyset \notin F$. $\qquad\qquad\qquad\qquad\qquad\qquad\qquad$ □

Sei etwa u eine nichtleere Teilmenge von $\mathfrak{J}$. Dann ist

$$\{X \subset \mathfrak{J} \colon u \subset X\}$$

ein Filter auf $\mathfrak{J}$. Dieser heißt der *von u erzeugte prinzipale Filter*. Ein Spezialfall hiervon liegt vor, falls $u = \{\sigma\}$ für ein $\sigma \in \mathfrak{J}$.

Sei $\mathfrak{J}$ unendlich. Dann ist

$$\{X \subset \mathfrak{J} \colon \mathfrak{J} \backslash X \text{ ist endlich}\}$$

ein Filter auf $\mathfrak{J}$, der aus allen *koendlichen* Teilmengen von $\mathfrak{J}$ besteht. Dieser heißt der FRECHÉT–*Filter* auf $\mathfrak{J}$.

Definition 4.2.2 Sei $\mathfrak{J} \neq \emptyset$, und sei F ein Filter auf $\mathfrak{J}$. Dann heißt F Ultrafilter auf $\mathfrak{J}$ gdw. für jedes $X \subset \mathfrak{J}$ gilt: $X \in F$ oder $\mathfrak{J} \backslash X \in F$.

Wenn F Ultrafilter auf $\mathfrak{I}$ ist, dann gilt für jedes $X \subset \mathfrak{I}$ genau eine der beiden Aussagen $X \in F$ und $\mathfrak{I} \backslash X \in F$. Mit Hilfe des HAUSDORFFschen Maximalitätsprinzips 3.2.13 (vgl. Problem 4.2.2) zeigt man den folgenden Satz von TARSKI.

Satz 4.2.3 (Tarski) Sei $\mathfrak{I} \neq \emptyset$, und sei F ein Filter auf $\mathfrak{I}$. Dann existiert ein Ultrafilter U auf $\mathfrak{I}$, der F fortsetzt, d. h. so dass $U \supset F$.

4.2.3

Sei nun $\mathcal{L}$ eine Sprache der Logik erster Stufe, welche durch I, K, J, n gegeben ist. Sei $\mathfrak{I} \neq \emptyset$, und sei für jedes $\sigma \in \mathfrak{I}$ ein $\mathcal{L}$-Modell $\mathcal{M}_\sigma$ gegeben. Sei weiterhin U ein Ultrafilter auf $\mathfrak{I}$. Wir wollen dann das *Ultraprodukt* der Modelle $\mathcal{M}_\sigma$ mittels U, in Zeichen

$$\prod_{\sigma \in \mathfrak{I}} \mathcal{M}_\sigma / U \, ,$$

definieren.

Wir definieren zunächst die Trägermenge des Ultraproduktes. Mit M_σ bezeichnen wir die Trägermenge des Modells $\mathcal{M}_\sigma$. Es sei F^* die Menge aller Funktionen f mit Definitionsbereich $\mathfrak{I}$, so dass $f(\sigma) \in M_\sigma$ für alle $\sigma \in \mathfrak{I}$. Für $f, g \in F^*$ schreiben wir $f \sim g$ gdw. $\{\sigma \in \mathfrak{I} \colon f(\sigma) = g(\sigma)\} \in U$.

Lemma 4.2.4 $\sim$ ist eine Äquivalenzrelation.

4.2.4

Beweis: Lediglich die Transitivität von $\sim$ ist nicht trivial. Aus $f \sim g$ und $g \sim h$, d. h. $\{\sigma \in \mathfrak{I} \colon f(\sigma) = g(\sigma)\} \in U$ und

$\{\sigma \in \mathfrak{I}\colon g(\sigma) = h(\sigma)\} \in U$ folgt aber wegen $\{\sigma \in \mathfrak{I}\colon f(\sigma) = h(\sigma)\} \supset \{\sigma \in \mathfrak{I}\colon f(\sigma) = g(\sigma)\} \cap \{\sigma \in \mathfrak{I}\colon g(\sigma) = h(\sigma)\}$, dass $\{\sigma \in \mathfrak{I}\colon f(\sigma) = h(\sigma)\} \in U$, also $f \sim h$. $\square$

Wir schreiben $[f]$ für die Äquivalenzklasse von $f \in F^*$, d. h. $[f] = \{g \in F^*\colon g \sim f\}$. Wir schreiben auch $\mathfrak{F}$ für die Menge aller $[f]$ mit $f \in F^*$. $\mathfrak{F}$ wird die Trägermenge des Ultraproduktes sein, welches wir mit $\mathcal{M}$ bezeichnen wollen. Um $\mathcal{M}$ zu definieren, müssen wir neben der Trägermenge die Interpretationen von P_i für $i \in I$, c_k für $k \in K$ und f_j für $j \in J$ angeben. Dies geschieht wie folgt. Wir setzen, für $i \in I$,

$$([f_0], \ldots, [f_{n_i - 1}]) \in P_i^{\mathcal{M}} \iff$$
$$\{\sigma \in \mathfrak{I}\colon (f_0(\sigma), \ldots, f_{n_i - 1}(\sigma)) \in P_i^{\mathcal{M}_\sigma}\} \in U \,,$$

für $k \in K$,

$$c_k^{\mathcal{M}} = [f] \,, \quad \text{wobei } f(\sigma) = c_k^{\mathcal{M}_\sigma} \text{ für alle } \sigma \in \mathfrak{I} \,,$$

und schließlich für $j \in J$,

$$f_j^{\mathcal{M}}([f_0], \ldots, [f_{n_j - 1}]) = [f] \,, \quad \text{wobei}$$
$$f(\sigma) = f_j^{\mathcal{M}_\sigma}(f_0(\sigma), \ldots, f_{n_j - 1}(\sigma)) \text{ für alle } \sigma \in \mathfrak{I} \,.$$

Aufgrund von Problem 4.2.3 sind dadurch die $P_i^{\mathcal{M}}$, $c_k^{\mathcal{M}}$ und $f_j^{\mathcal{M}}$ wohldefiniert. Dieses so konstruierte Modell

$$\mathcal{M} = (\mathfrak{F}; (P_i^{\mathcal{M}}\colon i \in I), (f_j^{\mathcal{M}}\colon j \in J), (c_k^{\mathcal{M}}\colon k \in K))$$

bezeichnen wir als das *Ultraprodukt der Modelle* $\mathcal{M}_i$ *mittels* U.

Lemma 4.2.5 Sei, für $\sigma \in \mathfrak{I}$, $\bar{\beta}_\sigma$ eine $\mathcal{M}_\sigma$-Belegung, und sei die $\prod_{\sigma \in \mathfrak{I}} \mathcal{M}_\sigma / U$-Belegung $\bar{\beta}$ wie folgt definiert: für $k \in \mathbb{N}$ sei $\bar{\beta}(v_k) = [f]$, wobei $f(\sigma) = \bar{\beta}_\sigma(v_k)$ für alle $\sigma \in \mathfrak{I}$. Sei β die durch $\bar{\beta}$ induzierte Terminterpretation, und sei, für $\sigma \in \mathfrak{I}$, β_σ die durch $\bar{\beta}_\sigma$ induzierte Terminterpretation. Sei schließlich für einen beliebigen Term τ die Funktion h_τ mit Definitionsbereich $\mathfrak{I}$ definiert durch $h_\tau(\sigma) = \beta_\sigma(\tau)$. Dann gilt für jeden Term τ, dass

$$\beta(\tau) = [h_\tau] \,.$$

4.2.5

Beweis durch Induktion nach der Komplexität von τ. Wir schreiben $\tilde{\mathcal{M}} = \prod_{\sigma \in \mathfrak{I}} \mathcal{M}_\sigma / U$.

Wenn τ eine Variable ist, etwa gleich v_k für $k \in \mathbb{N}$, dann gilt $\beta(\tau) = \bar{\beta}(v_k) = [f]$, wobei $f(\sigma) = \bar{\beta}_\sigma(v_k) = \beta_\sigma(\tau)$ für alle $\sigma \in \mathfrak{I}$, also $\beta(\tau) = [h_\tau]$. Wenn τ eine Konstante ist, etwa gleich c_k für $k \in K$, dann gilt $\beta(\tau) = c_k^{\tilde{\mathcal{M}}} = [f]$, wobei $f(\sigma) = c_k^{\mathcal{M}_\sigma} = \beta_\sigma(\tau)$ für alle $\sigma \in \mathfrak{I}$, also $\beta(\tau) = [h_\tau]$.

Sei nun τ gleich $f_j(\tau_0, \ldots, \tau_{n_j-1})$ für $j \in J$ und Terme τ_0, $\ldots$, τ_{n_j-1}. Dann gilt $\beta(\tau) = f_j^{\tilde{\mathcal{M}}}(\beta(\tau_0), \ldots, \beta(\tau_{n_j-1})) = f_j^{\tilde{\mathcal{M}}}([h_{\tau_0}] \ldots, [h_{\beta(\tau_{n_j-1})}])$ nach Induktionsvoraussetzung, $= [f]$, wobei $f(\sigma) = f_j^{\mathcal{M}_\sigma}(\beta_\sigma(\tau_0), \ldots, \beta_\sigma(\tau_{n_j-1})) = \beta_\sigma(\tau)$ für alle $\sigma \in \mathfrak{I}$, also $\beta(\tau) = [h_\tau]$. $\qquad\square$

Die folgende Aussage, der Satz von Łoś, ist von zentraler Bedeutung.

4.2.6   **Satz 4.2.6 (Łoś)** Sei, für $\sigma \in \mathfrak{J}$, $\bar{\beta}_\sigma$ eine $\mathcal{M}_\sigma$-Belegung, und sei die $\prod_{\sigma \in \mathfrak{J}} \mathcal{M}_\sigma / U$-Belegung $\bar{\beta}$ wie folgt definiert: für $k \in \mathbb{N}$ sei $\bar{\beta}(v_k) = [f]$, wobei $f(\sigma) = \bar{\beta}_\sigma(v_k)$ für alle $\sigma \in \mathfrak{J}$. Dann gilt für alle Formeln φ

$$\prod_{\sigma \in \mathfrak{J}} \mathcal{M}_\sigma / U \models \varphi[\bar{\beta}] \quad \text{gdw.} \quad \{\sigma \in \mathfrak{J} \colon \mathcal{M}_\sigma \models \varphi[\bar{\beta}_\sigma]\} \in U \, .$$

Beweis durch Induktion nach der Komplexität von φ. Wir schreiben wieder $\tilde{\mathcal{M}}$ für $\prod_{\sigma \in \mathfrak{J}} \mathcal{M} / U$.

Sei zunächst φ atomar. Sei etwa φ die Formel $\tau = \tau'$, wobei τ und τ' Terme sind. Dann gilt $\tilde{\mathcal{M}} \models \tau = \tau'[\bar{\beta}]$ gdw. $\beta(\tau) = \beta(\tau')$, wobei β die durch $\bar{\beta}$ induzierte Terminterpretation ist, gdw. $[h_\tau] = [h_{\tau'}]$, wobei h_τ und $h_{\tau'}$ wie in Lemma 4.2.5 definiert sind, gdw. $\{\sigma \in \mathfrak{J} \colon \beta_\sigma(\tau) = \beta_\sigma(\tau')\} \in U$, wobei β_σ jeweils die durch $\bar{\beta}_\sigma$ induzierte Terminterpretation ist, gdw. $\{\sigma \in \mathfrak{J} \colon \mathcal{M}_\sigma \models \tau = \tau'[\bar{\beta}_\sigma]\} \in U$. Für die übrigen atomaren Fälle ist das Argument völlig analog.

Sei nun φ die Formel $\neg \psi$. Hier benutzt der Induktionsschritt die Tatsache, dass U ein Ultrafilter (und nicht etwa nur ein Filter) auf $\mathfrak{J}$ ist. Es gilt $\mathcal{M} \models \neg \psi[\bar{\beta}]$ gdw. es nicht der Fall ist, dass $\mathcal{M} \models \psi[\bar{\beta}]$ gdw. $\{\sigma \in \mathfrak{J} \colon \mathcal{M}_\sigma \models \psi[\bar{\beta}_\sigma]\} \notin U$ nach Induktionsvoraussetzung, gdw. $\{\sigma \in \mathfrak{J} \colon \text{nicht} \colon \mathcal{M}_\sigma \models \psi[\bar{\beta}_\sigma]\} \in U$, da U ein Ultrafilter ist, gdw. $\{\sigma \in \mathfrak{J} \colon \mathcal{M}_\sigma \models \neg \psi[\bar{\beta}_\sigma]\} \in U$.

Der Induktionsschritt für φ gleich $\psi \wedge \psi'$ ist sehr einfach. Wir betrachten schließlich den Fall, dass φ die Formel $\forall v_k \psi$ ist.

Setzen wir zunächst voraus, dass

$$\{\sigma \in \mathfrak{I} \colon \mathcal{M}_\sigma \models \forall v_k \psi[\bar{\beta}_\sigma]\} \in U \ .$$

Sei $[f] \in \mathfrak{F}$ beliebig. Dann gilt

$$\{\sigma \in \mathfrak{I} \colon \mathcal{M}_\sigma \models \psi[\bar{\beta}_\sigma(v_k | f(\sigma))]\}$$
$$\supset \{\sigma \in \mathfrak{I} \colon \mathcal{M}_\sigma \models \forall v_k \psi[\bar{\beta}_\sigma]\} \ ,$$

also $\{\sigma \in \mathfrak{I} \colon \mathcal{M}_\sigma \models \psi[\bar{\beta}_\sigma(v_k | f(\sigma))]\} \in U$. Die Induktionsvoraussetzung liefert dann $\tilde{\mathcal{M}} \models \psi[\bar{\beta}(v_k | [f])]$. Da $[f]$ beliebig war, haben wir also $\mathcal{M} \models \forall v_k \psi[\bar{\beta}]$ gezeigt.

Setzen wir nun voraus, dass $\{\sigma \in \mathfrak{I} \colon \mathcal{M}_\sigma \models \forall v_k \psi[\bar{\beta}_\sigma]\} \notin U$, d. h. $\{\sigma \in \mathfrak{I} \colon \mathcal{M}_\sigma \models \exists v_k \neg\psi[\bar{\beta}_\sigma]\} \in U$. Wir wollen zeigen, dass $\tilde{\mathcal{M}} \models \forall v_k \psi[\bar{\beta}]$ nicht gilt, d. h. $\tilde{\mathcal{M}} \models \exists v_k \neg\psi[\bar{\beta}]$. Mit Hilfe des Auswahlaxioms finden wir ein $f \in F^*$, so dass $\mathcal{M}_\sigma \models \neg\psi[\bar{\beta}_\sigma(v_k | f(\sigma))]$ für alle $\sigma \in \mathfrak{I}$, für die ein $a \in M_\sigma$ mit $\mathcal{M}_\sigma \models \neg\psi[\bar{\beta}_\sigma(v_k | a)]$ existiert. Dann gilt offensichtlich

$$\{\sigma \in \mathfrak{I} \colon \mathcal{M}_\sigma \models \neg\psi[\bar{\beta}_\sigma(v_k | f(\sigma))]\}$$
$$= \{\sigma \in \mathfrak{I} \colon \mathcal{M}_\sigma \models \exists v_k \neg\psi[\bar{\beta}_\sigma]\} \in U \ ,$$

und damit mit Hilfe der Induktionsvoraussetzung $\tilde{\mathcal{M}} \models \neg\psi[\bar{\beta}(v_k | [f])]$, also $\tilde{\mathcal{M}} \models \exists v_k \neg\psi[\bar{\beta}]$ wie gewünscht. $\square$

Mit Hilfe der Methode der Ultrapotenzkonstruktion zeigt sich nun sehr leicht der Kompaktheitssatz der Logik erster Stufe.

Satz 4.2.7 (Kompaktheitssatz) Sei Σ eine endlich erfüllbare Menge von $\mathcal{L}$-Formeln, d. h. für jedes endliche $\sigma \subset \Sigma$

4.2.7

existiert ein $\mathcal{L}$-Modell $\mathcal{M}_\sigma$ und eine $\mathcal{M}_\sigma$-Belegung $\bar{\beta}_\sigma$ mit

$$\mathcal{M}_\sigma \models \sigma[\bar{\beta}_\sigma]\,.$$

Dann existiert ein $\mathcal{L}$-Modell $\tilde{\mathcal{M}}$ und eine $\tilde{\mathcal{M}}$-Belegung $\bar{\beta}$ mit $\tilde{\mathcal{M}} \models \Sigma[\bar{\beta}]$.

Beweis: Sei $\mathfrak{I}$ die Menge aller endlichen Teilmengen von Σ. Für $\sigma \in \mathfrak{I}$ sei

$$X_\sigma = \{\tau \in \mathfrak{I} \colon \tau \supset \sigma\}\,.$$

Die Mengen X_σ generieren einen Filter F auf $\mathfrak{I}$ wie folgt: Wir setzen

$$X \in F \quad \text{gdw.} \quad \exists \sigma \in \mathfrak{I} \; X \supset X_\sigma\,.$$

Behauptung: F ist ein Filter auf $\mathfrak{I}$.

Beweis: (a): Seien $X, Y \in F$. Seien $\sigma, \tau \in \mathfrak{I}$ so, dass $X \supset X_\sigma$ und $Y \supset X_\tau$. Dann gilt $X \cap Y \supset X_\sigma \cap X_\tau = X_{\sigma \cup \tau}$, also auch $X \cap Y \in F$. (b) ist trivial. (c): Da $\emptyset \in \mathfrak{I}$, gilt $\mathfrak{I} \in F$. (d): Da $\sigma \in X_\sigma$ für alle $\sigma \in \mathfrak{I}$, gilt $\emptyset \notin F$. $\square$

Sei nun (mit Hilfe des Satzes 4.2.3 von TARSKI) U ein Ultrafilter auf $\mathfrak{I}$, der F fortsetzt. Wir setzen dann

$$\tilde{\mathcal{M}} = \prod_{\sigma \in \mathfrak{I}} \mathcal{M}_\sigma / U\,.$$

Wir definieren eine $\tilde{\mathcal{M}}$-Belegung $\bar{\beta}$ durch: $\bar{\beta}(v_k) = [f]$, wobei $f(\sigma) = \bar{\beta}_\sigma(v_k)$ für alle $\sigma \in \mathfrak{I}$. Es genügt nun zu zeigen, dass $\tilde{\mathcal{M}} \models \Sigma[\bar{\beta}]$. Sei also $\varphi \in \Sigma$. Dann folgt aus $\varphi \in \sigma$ (d. h.

$\{\varphi\} \subset \sigma\})$, dass $\mathcal{M}_\sigma \models \varphi[\bar\beta_\sigma]$, also $\{\sigma \in \mathfrak{I}: \mathcal{M}_\sigma \models \varphi[\bar\beta_\sigma]\} \supset$
$X_{\{\varphi\}} \in U$, und damit auch $\{\sigma \in \mathfrak{I}: \mathcal{M}_\sigma \models \varphi[\bar\beta_\sigma]\} \in U$. Auf
Grund des Satzes 4.2.6 von Łoś gilt dann $\tilde{\mathcal{M}} \models \varphi[\bar\beta]$ wie
gewünscht.   □

Ein Spezialfall von Ultraprodukten ist die Ultrapotenz. Sei
$\mathfrak{I} \neq \emptyset$, und sei U ein Ultrafilter auf $\mathfrak{I}$. Sei $\mathcal{M}$ ein $\mathcal{L}$-Modell,
und sei $\mathcal{M}_\sigma = \mathcal{M}$ für alle $\sigma \in \mathfrak{I}$. Dann schreiben wir:

$$Ult(\mathcal{M}; U)$$

für $\prod_{\sigma \in \mathfrak{I}} \mathcal{M}_\sigma / U$ und nennen dies die *Ultrapotenz von $\mathcal{M}$
mittels U*.
Der Satz von Łoś ergibt sofort das folgende

Korollar 4.2.8 Sei $\bar\beta$ eine $\mathcal{M}$-Belegung, und sei die $Ult(\mathcal{M};$ **4.2.8**
$U)$-Belegung $\bar\beta^*$ definiert durch $\bar\beta^*(v_k) = [c_{\bar\beta(v_k)}]$, wobei
$c_{\bar\beta(v_k)}$ die konstante Funktion mit Wert $\bar\beta(v_k)$ (und Definitionsbereich $\mathfrak{I}$) ist. Dann gilt

$$Ult(\mathcal{M}; U) \models \varphi[\bar\beta^*] \text{ gdw. } \mathcal{M} \models \varphi[\bar\beta]$$

für alle Formeln φ.

Es existiert auch eine natürliche „Einbettung" (d. h. einen
Homomorphismus) e von $\mathcal{M}$ nach $Ult(\mathcal{M}; U)$. Für ein a in
der Trägermenge von $\mathcal{M}$ setzen wir $e(a) = [c_a]$, wobei c_a die
konstante Funktion mit Wert a (und Definitionsbereich $\mathfrak{I}$)
ist.

4.2.9   **Korollar 4.2.9** Es gilt

$$Ult(\mathcal{M}; U) \models \varphi(e(a_0), \ldots, e(a_{j-1}))$$
$$\text{gdw.} \quad \mathcal{M} \models \varphi(a_0, \ldots, a_{j-1})$$

für alle Formeln φ und $a_0, \ldots, a_{j-1}$ in der Trägermenge von $\mathcal{M}$.

4.2.1   **Problem 4.2.1** Zeigen Sie, dass für unendliches $\mathfrak{I}$ der FRECHÉT-Filter auf $\mathfrak{I}$ tatsächlich ein Filter ist.

4.2.2   **Problem 4.2.2** Beweisen Sie Satz 4.2.3! (Hinweis: Betrachten Sie die Menge $\mathfrak{F}$ aller Filter G auf $\mathfrak{I}$ mit $G \supset F$.)

4.2.3   **Problem 4.2.3** Zeigen Sie, dass $P_i^{\mathcal{M}}$, $c_k^{\mathcal{M}}$ und $f_j^{\mathcal{M}}$ durch die obigen Anweisungen wohldefiniert sind. Hierfür ist folgendes zu zeigen. (Die Wohldefiniertheit von $c_k^{\mathcal{M}}$ ergibt sich aus dem Argument für (b)!)

(a) Sei $i \in I$, und seien $f_0, \ldots, f_{n_i-1}, f_0', \ldots, f_{n_i-1}' \in F^*$, wobei $f_0 \sim f_0', \ldots, f_{n_i-1} \sim f_{n_i-1}'$. Dann gilt

$$\{\sigma \in \mathfrak{I} : (f_0(\sigma), \ldots, f_{n_i-1}(\sigma)) \in P_i^{\mathcal{M}_\sigma}\} \in U$$
$$\iff \{\sigma \in \mathfrak{I} : (f_0'(\sigma), \ldots, f_{n_i-1}'(\sigma)) \in P_i^{\mathcal{M}_\sigma}\} \in U .$$

(b) Sei $j \in J$, und seien $f_0, \ldots, f_{n_j-1}, f_0', \ldots, f_{n_j-1}' \in F^*$, wobei $f_0 \sim f_0', \ldots, f_{n_j-1} \sim f_{n_j-1}'$. Seien $f, f' \in F^*$ so, dass $f(\sigma) = f_j^{\mathcal{M}_\sigma}(f_0(\sigma), \ldots, f_{n_j-1}(\sigma))$ und $f'(\sigma) = f_j^{\mathcal{M}_\sigma}(f_0'(\sigma), \ldots, f_{n_j-1}'(\sigma))$ für alle $\sigma \in \mathfrak{I}$. Dann gilt $f \sim f'$.

Problem 4.2.4 Sei in der Situation von Satz 4.2.6 $U = \{X \subset \mathfrak{I} : \sigma \in X\}$ für ein $\sigma \in \mathfrak{I}$. Dann gibt es einen Isomorphismus

$$f : \mathcal{M}_\sigma \to \prod_{\sigma \in \mathfrak{I}} \mathcal{M}_\sigma / U \, .$$

4.2.4

Problem 4.2.5 Konstruieren Sie eine Sprache $\mathcal{L}$ der Logik erster Stufe und eine Menge Σ von $\mathcal{L}$-Sätzen, so dass für jedes Modell $\mathcal{M}$ von Σ gilt: wenn die Trägermenge M von $\mathcal{M}$ endlich ist, dann besitzt M eine gerade Anzahl von Elementen; darüber hinaus soll gelten: wenn die Menge M endlich ist und eine gerade Anzahl von Elementen besitzt, dann ist M Trägermenge eines Modells $\mathcal{M}$ von Σ.

4.2.5

Problem 4.2.6 Sei $\mathcal{L}$ eine beliebige Sprache der Logik erster Stufe. Konstruieren Sie eine Menge Σ von $\mathcal{L}$-Sätzen, so dass für jedes Modell $\mathcal{M}$ gilt:

$$\mathcal{M} \models \Sigma \ \Leftrightarrow \ \mathcal{M} \text{ besitzt eine unendliche Trägermenge.}$$

4.2.6

Problem 4.2.7 Sei $\mathcal{L}$ eine beliebige Sprache der Logik erster Stufe. Zeigen Sie, dass es keine Menge Σ von $\mathcal{L}$-Sätzen gibt, so dass für jedes Modell $\mathcal{M}$ gilt:

$$\mathcal{M} \models \Sigma \ \Leftrightarrow \ \mathcal{M} \text{ besitzt eine endliche Trägermenge.}$$

4.2.7

Die Lösung des Problems 4.2.7 kann benutzt werden um zu zeigen, dass es keine Menge Σ von Sätzen der Sprache der Körpertheorie gibt, so dass diejenigen Körper, die Modelle von Σ sind, genau diejenigen sind, welche positive Charakteristik besitzen (vgl. [1]).

Problem 4.2.8 Sei $\mathcal{L}$ eine beliebige Sprache der Logik erster Stufe, Sei Σ eine beliebige Menge von $\mathcal{L}$-Sätzen, und sei $\mathcal{M}$ ein $\mathcal{L}$-Modell, so dass $\mathcal{M} \models \Sigma$ gilt. Sei X eine beliebige Menge. Zeigen Sie: es existiert ein $\mathcal{L}$-Modell $\mathcal{M}'$ mit Trägermenge M', so dass $\mathcal{M}' \models \Sigma$ und $X \subset M'$. (Hinweis: Sei M die Trägermenge von $\mathcal{M}$. Fügen Sie zur Sprache $\mathcal{L}$ für jedes $x \in M$ eine eigene neue Konstante c_x hinzu, und betrachten Sie die Satzmenge

$$\Sigma \cup \{c_x \neq c_y : x \neq y\}$$

in der erweiterten Sprache.)

Die Aussage von Problem 4.2.8 wird als *aufsteigender* LÖWENHEIM-SKOLEM–Satz gehandelt.

4.3 Nichtstandard-Modelle

Mit Hilfe der Methode der Ultraproduktkonstruktion lassen sich sehr leicht „Nichtstandardmodelle" angeben. Unter einem *Nichtstandard-Modell* der Arithmetik versteht man beispielsweise ein Modell der Sprache von PA, welches zwar alle Axiome von PA erfüllt, jedoch nicht isomorph zum *Standard-Modell*

$$\mathcal{N} = (\mathbb{N}; <, 0, 1, +, \cdot, E)$$

ist. Sei nämlich etwa U ein Ultrafilter auf $\mathbb{N}$, der den FRECHÉT-Filter auf $\mathbb{N}$ fortsetzt. Dann ist $Ult(\mathcal{N}; U)$, wie wir nun zeigen wollen, nicht isomorph zu $\mathcal{N}$. Das Modell $Ult(\mathcal{N}; U)$ wird „unendlich große" Zahlen enthalten.

Wir wollen zunächst zeigen, dass Modelle der Sätze (Q1) bis (Q9) der Peano-Arithmetik PA aus Abschnitt 1.2 eine „isomorphe Kopie" von $\mathcal{N}$ enthalten.

Sei

$$\mathcal{M} = (M; <^{\mathcal{M}}, 0^{\mathcal{M}}, 1^{\mathcal{M}}, +^{\mathcal{M}}, \cdot^{\mathcal{M}}, \wedge^{\mathcal{M}})$$

ein Modell der Sätze (Q1) bis (Q9). (Wir schreiben hier und im Folgenden oft $\wedge$ anstelle des unsichtbaren Exponentiationssymbols.) Betrachten wir die Funktion $\pi_{\mathcal{M}} = \pi \colon \mathbb{N} \to M$, die wie folgt definiert ist:

$$\pi(n) = (\cdots ((0^{\mathcal{M}} +^{\mathcal{M}} \underbrace{1^{\mathcal{M}}) +^{\mathcal{M}} 1^{\mathcal{M}}) +^{\mathcal{M}} \cdots) +^{\mathcal{M}} 1^{\mathcal{M}}}_{n\text{-viele } 1^{\mathcal{M}}},$$

d. h., $\pi(0) = 0^{\mathcal{M}}$ und $\pi(n+1) = \pi(n) +^{\mathcal{M}} 1^{\mathcal{M}}$ für $n \in \mathbb{N}$.

Sei $\pi(m) = \pi(n)$ für $m \leq n \in \mathbb{N}$. Mit Hilfe von $(n - m)$-facher Anwendung von (Q2) ist dann $\pi(n - m) = 0^{\mathcal{M}}$, auf Grund von (Q1) also $n - m = 0$, d. h. $m = n$. Es ist also π injektiv. Wir werden später sehen, dass f nicht surjektiv sein muss.

Sei $m \in \mathbb{N}$. Mit Hilfe von (Q9) zeigt man dann leicht induktiv, dass $f(m) <^{\mathcal{M}} f(n)$ für alle $n > m$ gilt.

Ebenso leicht zeigt man mit Hilfe von (Q3) bis (Q8), dass für alle $m, n \in \mathbb{N}$ gilt: $\pi(m+n) = \pi(m) +^{\mathcal{M}} \pi(n)$, $\pi(m \cdot n) = \pi(m) \cdot^{\mathcal{M}} \pi(n)$ und $\pi(m^n) = \pi(m)^{\wedge \mathcal{M}} \pi(n)$.

Wir haben damit gesehen, dass π ein Homomorphismus ist. Nehmen wir nun zusätzlich an, dass $\mathcal{N}$ und $\mathcal{M}$ isomorph sind. Sei $\pi' \colon \mathbb{N} \to M$ ein Isomorphismus. Es ist leicht induktiv zu zeigen, dass dann $\pi'(n) = \pi_{\mathcal{M}}(n)$ für alle $n \in \mathbb{N}$ gelten muss. (Siehe Problem 4.3.1.) Es gilt also:

4.3.1   **Satz 4.3.1** Wenn $\mathcal{M}$ ein Modell der Sätze (Q1) bis (Q9) von PA ist, dann ist $\mathcal{M}$ isomorph zu $\mathcal{N}$, gdw. $\pi_{\mathcal{M}}$ surjektiv ist.

Sei nun $\mathcal{M}$ ein Modell der Sätze (Q1) bis (Q11) von PA, d. h. der Theorie Q. Mit Hilfe von (Q9) bis (Q11) ist leicht zu sehen, dass für alle $n \in \mathbb{N}$ und für alle x außerhalb des Wertebereichs von $\pi_{\mathcal{M}}$ gelten muss: $\pi_{\mathcal{M}}(n) <^{\mathcal{M}} x$ (vgl. Problem 4.3.2). Ein solches x ist also „unendlich groß". Wir bezeichnen mit $\mathrm{Th}(\mathcal{N})$ die Menge aller Sätze φ der Sprache von PA mit $\mathcal{N} \models \varphi$. (Th steht für „Theorie".) Selbstverständlich gilt

$$\mathcal{N} \models \mathrm{Th}(\mathcal{N}) \,.$$

Satz 4.3.2 Es existiert ein $\mathcal{M}$ mit abzählbarer Trägermenge
und $\mathcal{M} \models \text{Th}(\mathcal{N})$, so dass $\mathcal{M}$ und $\mathcal{N}$ nicht isomorph sind.

Beweis: Der Beweis ist eine Anwendung des Kompaktheitssatzes 4.2.7. Wir erweitern die Sprache von PA durch
Hinzunahme einer neuen Konstanten, c. Nennen wir die so
erweiterte Sprache $\mathcal{L}_c$.
Sei $n \in \mathbb{N}$. Dann ist

$$\neg(\cdots((0 + \underbrace{1) + 1) + \cdots) + 1}_{n\text{-viele } 1} = c$$

ein Satz der Sprache $\mathcal{L}_c$. (Dieser Satz sagt anschaulich ge-
sprochen, dass das durch c bezeichnete Objekt verschieden
von n ist.) Nennen wir diesen Satz φ_n.
Wir betrachten nun die Menge

$$T = \text{Th}(\mathcal{N}) \cup \{\varphi_n | n \in \mathbb{N}\}$$

von Sätzen der Sprache $\mathcal{L}_c$. T ist erfüllbar. Sei nämlich $\overline{T} \subset$
T endlich. Aufgrund des Kompaktheitssatzes 4.2.7 genügt
es zu zeigen, dass $\overline{T}$ erfüllbar ist.
Es existiert offensichtlich ein $n_0 \in \mathbb{N}$, so dass

$$\overline{T} \subset \text{Th}(\mathcal{N}) \cup \{\varphi_n | n < n_0\}\,.$$

Es ist dann einfach zu sehen, dass

$$\mathcal{N}' = (\mathbb{N}; <, 0, 1, n_0, +, \cdot, E) \models \overline{T}\,.$$

Hierbei beabsichtigen wir $<^{\mathcal{N}'}=<$, $0^{\mathcal{N}'}=0$, $1^{\mathcal{N}'}=1$, $c^{\mathcal{N}'}=n_0$, $+^{\mathcal{N}'}=+$, $\cdot^{\mathcal{N}'}=\cdot$, und E interpretiere das Exponentiationssymbol.

Sei nun

$$\tilde{\mathcal{M}} = (M; <^{\tilde{\mathcal{M}}}, 0^{\tilde{\mathcal{M}}}, 1^{\tilde{\mathcal{M}}}, c^{\tilde{\mathcal{M}}}, +^{\tilde{\mathcal{M}}}, \cdot^{\tilde{\mathcal{M}}}, \wedge^{\tilde{\mathcal{M}}}) \models T\,.$$

Setze

$$\mathcal{M} = (M; <^{\tilde{\mathcal{M}}}, 0^{\tilde{\mathcal{M}}}, 1^{\tilde{\mathcal{M}}}, +^{\tilde{\mathcal{M}}}, \cdot^{\tilde{\mathcal{M}}}, \wedge^{\tilde{\mathcal{M}}})\,.$$

Selbstverständlich gilt

$$\mathcal{M} \models \mathrm{Th}(\mathcal{N})\,.$$

Angenommen, $\pi = \pi_{\mathcal{M}}$ wäre surjektiv. Dann existiert ein $n \in \mathbb{N}$ mit $\pi(n) = c^{\tilde{\mathcal{M}}}$. Es gilt $\tilde{\mathcal{M}} \models \varphi_n$, d. h.

$$\tilde{\mathcal{M}} \models \neg(\cdots((0+\underbrace{1)+1)+\cdots)+1}_{n\text{-viele }1} = c\,.$$

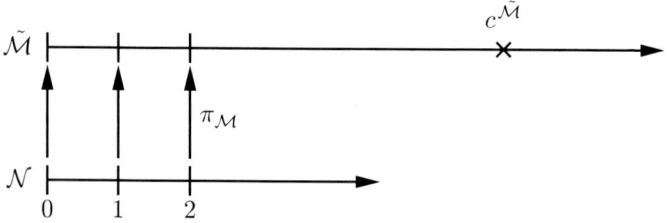

Dies besagt, dass

$$\pi(n) = (\cdots((0^{\mathcal{M}} +^{\mathcal{M}} \underbrace{1^{\mathcal{M}}) +^{\mathcal{M}} 1^{\mathcal{M}}) +^{\mathcal{M}} \cdots) +^{\mathcal{M}} 1^{\mathcal{M}}}_{n\text{-viele } 1^{\mathcal{M}}}$$

$$\neq c^{\tilde{\mathcal{M}}} = \pi(n)\,.$$

Dies ist ein Widerspruch!

Der Homomorphismus $\pi_{\mathcal{M}}$ ist also nicht surjektiv, womit auf Grund von Satz 4.3.1 $\mathcal{M}$ nicht isomorph zu $\mathcal{N}$ ist.

Aufgrund des (Beweises des) Satzes von LÖWENHEIM-SKOLEM 4.1.2 existiert nun ein abzählbares $X \subset M$, so dass $X \prec \tilde{\mathcal{M}}$ und der Wertebereich von $\pi_{\mathcal{M}}$ eine echte Teilmenge von X ist. (Im Beweis von Satz 4.1.2 werde einfach mit $X_0 = \{x\}$ gestartet, wobei $x \in M$ nicht im Wertebereich von $\pi_{\mathcal{M}}$ sei!) Das Modell

$$\mathcal{M} \upharpoonright X = (X; <^{\mathcal{M}} \cap X^2, 0^{\mathcal{M}}, 1^{\mathcal{M}},$$
$$+^{\mathcal{M}} \upharpoonright \mathcal{M}, \cdot^{\mathcal{M}} \upharpoonright \mathcal{M}, {}^{\wedge \mathcal{M}} \upharpoonright \mathcal{M})$$

bezeugt dann die Gültigkeit von Satz 4.3.2. □

Sei $\mathcal{M}$ mit Trägermenge M ein Nichtstandard-Modell von $\mathrm{Th}(\mathcal{N})$. Jedes $x \in M$, das außerhalb des Wertebereichs von $\pi_{\mathcal{M}}$ liegt, heißt eine *Nichtstandard-Zahl*. Ein $x \in M$ ist Nichtstandard-Zahl gdw. $\pi_{\mathcal{M}}(n) <^{\mathcal{M}} x$ für alle $n \in \mathbb{N}$, d.h. gdw. x „unendlich groß" ist.

Wir wollen nun zeigen, dass es „sehr viele" paarweise nicht isomorphe abzählbare Modelle von $\mathrm{Th}(\mathcal{N})$ gibt.

4.3.3   **Satz 4.3.3**   Es existieren überabzählbar viele paarweise nicht-isomorphe abzählbare Modelle $\mathcal{M}$ mit $\mathcal{M} \models \mathrm{Th}(\mathcal{N})$.

Beweis: Zunächst führen wir die folgende Notation ein. Sei $n \in \mathbb{N}$. Wir bezeichnen dann mit $\check{n}$ den Term

$$(\cdots((0 + \underbrace{1) + 1) + \cdots) + 1}_{n\text{-viele } 1}$$

der Sprache von PA.

Wir erweitern wieder die Sprache von PA durch Hinzunahme einer neuen Konstanten c und nennen die so erweiterte Sprache $\mathcal{L}_c$. Sei $(p_n \colon n \in \mathbb{N})$ wie immer die natürliche Aufzählung aller Primzahlen. Sei $n \in \mathbb{N}$. Dann bezeichnen wir mit φ_n den Satz

$$\exists v_0 \; \check{p}_n \cdot v_0 = c$$

der Sprache $\mathcal{L}_c$. Dieser Satz sagt, dass die n^{te} Primzahl (die Interpretation von) c teilt. Mit $\overline{\varphi}_n$ bezeichnen die Negation von φ_n, d. h. den Satz

$$\neg \exists v_0 \; \check{p}_n \cdot v_0 = c \,.$$

Sei nun $X \subset \mathbb{N}$. Wir bezeichnen dann mit T_X die Menge

$$\mathrm{Th}(\mathcal{N}) \cup \{\varphi_n | n \in X\} \cup \{\overline{\varphi}_n | n \notin X\}$$

von Sätzen der Sprache $\mathcal{L}_c$. Für jedes $X \subset \mathbb{N}$ ist T_X erfüllbar. Sei nämlich $\overline{T} \subset T_X$ endlich. Auf Grund des Kompaktheitssatzes 4.2.7 genügt es zu zeigen, dass $\overline{T}$ erfüllbar ist.

Es existiert ein $n_0 \in \mathbb{N}$, so dass

$$\overline{T} \subset \mathrm{Th}(\mathcal{N}) \cup \{\varphi_n | n < n_0 \wedge n \in X\} \cup \{\overline{\varphi}_n | n < n_0 \wedge n \notin X\}\,.$$

Setze

$$q = \prod_{n < n_0, n \in X} p_n\,.$$

Es ist dann einfach zu sehen, dass

$$\mathcal{N}' = (\mathbb{N}; <, 0, 1, q, +, \cdot, E) \models \overline{T}\,.$$

Hierbei beabsichtigen wir $<^{\mathcal{N}'} = <$, $0^{\mathcal{N}'} = 0$, $1^{\mathcal{N}'} = 1$, $c^{\mathcal{N}'} = q$, $+^{\mathcal{N}'} = +$, $\cdot^{\mathcal{N}'} = \cdot$, und E interpretiere das Exponentiationssymbol. Für $X \subset \mathbb{N}$ sei nun

$$\tilde{\mathcal{M}}_X = (M_X; <^{\tilde{\mathcal{M}}_X}, 0^{\tilde{\mathcal{M}}_X}, 1^{\tilde{\mathcal{M}}_X}, c^{\tilde{\mathcal{M}}_X}, +^{\tilde{\mathcal{M}}_X}, \cdot^{\tilde{\mathcal{M}}_X}, \wedge^{\tilde{\mathcal{M}}_X})$$

$$\models T_X\,,$$

wobei M_X abzählbar ist. Ein solches $\tilde{\mathcal{M}}_X$ existiert wie im Beweis von Satz 4.3.2. Setze

$$\mathcal{M}_X = (M_X; <^{\tilde{\mathcal{M}}_X}, 0^{\tilde{\mathcal{M}}_X}, 1^{\tilde{\mathcal{M}}_X}, +^{\tilde{\mathcal{M}}_X}, \cdot^{\tilde{\mathcal{M}}_X}, \wedge^{\tilde{\mathcal{M}}_X})\,.$$

Selbstverständlich gilt

$$\mathcal{M}_X \models \mathrm{Th}(\mathcal{N})\,.$$

Für $X, Y \subset \mathbb{N}$ ist es auch bei $X \neq Y$ möglich, dass $\mathcal{M}_X$ und $\mathcal{M}_Y$ isomorph sind. Wir wollen jedoch zeigen, dass eine überabzählbare Teilmenge von $\{\mathcal{M}_X | X \subset \mathbb{N}\}$ existiert, die aus paarweise nicht-isomorphen Modellen besteht. Sei

$$\mathcal{M} = (M; <^{\mathcal{M}}, 0^{\mathcal{M}}, 1^{\mathcal{M}}, +^{\mathcal{M}}, \cdot^{\mathcal{M}}, \wedge^{\mathcal{M}}) \models \text{Th}(\mathcal{N}) \,.$$

Für jedes $x \in M$ sei

$$X_x^{\mathcal{M}} = \{n \in \mathbb{N} \colon \mathcal{M} \models \exists v_0 \; \check{p}_n \cdot v_0 = x\} \,.$$

Jedes solche $X_x^{\mathcal{M}}$ ist eine Menge natürlicher Zahlen, die durch das Modell $\mathcal{M}$ und $x \in M$ „kodiert" wird. Sei

$$\mathcal{X}^{\mathcal{M}} = \{X_x^{\mathcal{M}} \colon x \in M\}$$

die Menge aller Teilmengen von $\mathbb{N}$, die durch $\mathcal{M}$ und seine Elemente in diesem Sinne „kodiert" werden. Offensichtlich ist $\mathcal{X}^{\mathcal{M}}$ eine höchstens abzählbare Menge von Teilmengen von $\mathbb{N}$, wenn M selbst abzählbar ist. Für jedes $X \subset \mathbb{N}$ gilt offensichtlich für $d = c^{\tilde{\mathcal{M}}_X}$, dass

$$X = X_d^{\mathcal{M}_X} \in \mathcal{X}^{\mathcal{M}_X} \,.$$

Wir zeigen nun: Seien $\mathcal{M}$ und $\mathcal{P}$ isomorphe Modelle von $\text{Th}(\mathcal{N})$. Dann gilt $\mathcal{X}^{\mathcal{M}} = \mathcal{X}^{\mathcal{P}}$. Sei nämlich $\pi \colon M \to P$ ein Isomorphismus von $\mathcal{M}$ auf $\mathcal{P}$. Sei $X \in \mathcal{X}^{\mathcal{M}}$. Sei $x \in M$ so, dass $X = X_x^{\mathcal{M}}$. Für jedes $n \in \mathbb{N}$ gilt dann auf Grund von Satz 4.1.8 (c)

$$\mathcal{M} \models \exists v_0 \; \check{p}_n \cdot v_0 = x \iff \mathcal{P} \models \exists v_0 \; \check{p}_n \cdot v_0 = \pi(x) \,.$$

Damit haben wir $X = X_{\pi(x)}^{\mathcal{P}}$, also $X \in \mathcal{X}^{\mathcal{P}}$.
Wir haben gezeigt, dass $\mathcal{X}^{\mathcal{M}} \subset \mathcal{X}^{\mathcal{P}}$. Aus Symmetriegründen gilt ebenso $\mathcal{X}^{\mathcal{P}} \subset \mathcal{X}^{\mathcal{M}}$. Damit ist $\mathcal{X}^{\mathcal{M}} = \mathcal{X}^{\mathcal{P}}$.

Kehren wir nun zu den Modellen $\mathcal{M}_X$ für $X \subset \mathbb{N}$ zurück.
Für $X \subset \mathbb{N}$ sei

$$[\mathcal{M}_X] = \{\mathcal{M}_Y | Y \subset \mathbb{N} \text{ und } \mathcal{M}_Y \text{ ist isomorph mit } \mathcal{M}_X\}$$

die Äquivalenzklasse aller zu $\mathcal{M}_X$ isomorphen Modelle
$\mathcal{M}_Y$. Wir definieren

$$\mathcal{X}^{[\mathcal{M}_X]} = \mathcal{X}^{\mathcal{M}_X} .$$

Auf Grund der Behauptung 2 folgt aus $[\mathcal{M}_X] = [\mathcal{M}_Y]$, dass
$\mathcal{X}^{\mathcal{M}_X} = \mathcal{X}^{\mathcal{M}_Y}$. Auf Grund dieser Unabhängigkeit von der
Wahl des Repräsentanten ist $\mathcal{X}^{[\mathcal{M}_X]}$ wohldefiniert. Jedes
$\mathcal{X}^{[\mathcal{M}_X]}$ ist höchstens abzählbar.

Nehmen wir nun an, es gäbe nur höchstens abzählbar viele
Äquivalenzklassen $[\mathcal{M}_X]$. Dann wäre aufgrund von Lemma 3.2.17

$$\mathcal{Z} = \bigcup \{\mathcal{X}^{[\mathcal{M}_X]} | X \subset \mathbb{N}\}$$

eine höchstens abzählbare Menge.

Auf der anderen Seite gilt nun für ein beliebiges $X \subset \mathbb{N}$,
dass $X \in \mathcal{X}^{\mathcal{M}_X} = \mathcal{X}^{[\mathcal{M}_X]} \subset \mathcal{Z}$. Also enthält $\mathcal{Z}$ *alle* Teilmengen von $\mathbb{N}$, besteht also wegen Satz 3.1.5 aus überab-
zählbar vielen Elementen. Widerspruch! $\square$

Modelle von PA werden im Buch [10] eingehend studiert.

Problem 4.3.1   Sei   4.3.1

$$\mathcal{M} = (M; <^{\mathcal{M}}, 0^{\mathcal{M}}, 1^{\mathcal{M}}, +^{\mathcal{M}}, \cdot^{\mathcal{M}}, \wedge^{\mathcal{M}})$$

ein Modell der Sätze (Q1) bis (Q9). Zeigen Sie, dass die zu Anfang dieses Abschnittes definierte Funktion $\pi_{\mathcal{M}}$ ein Homomorphismus ist, und dass für jeden Homomorphismus $\pi' \colon \mathbb{N} \to M$ von $\mathcal{N}$ nach $\mathcal{M}$ für alle $n \in \mathbb{N}$ gelten muss, dass $\pi'(n) = \pi_{\mathcal{M}}(n)$.

4.3.2   **Problem 4.3.2** Sei $\mathcal{M}$ ein Modell von Q. Zeigen Sie, dass ein x aus der Trägermenge von $\mathcal{M}$ außerhalb des Wertebereichs von $\pi_{\mathcal{M}}$ liegt genau dann wenn $\pi_{\mathcal{M}}(n) <^{\mathcal{M}} x$ für alle $n \in \mathbb{N}$ gilt.

4.3.3   **Problem 4.3.3** Zeigen Sie, dass die Aussage

$$\forall v_0 (v_0 \neq 0 \to \exists v_1 \; v_0 = v_1 + 1)$$

nicht in Q beweisbar ist.

4.3.4   **Problem 4.3.4** Sei $\mathcal{M}$ ein beliebiges Modell von PA. Zeigen Sie: Für jeden Σ_1-Satz φ der Sprache von PA gilt

$$\mathcal{N} \models \varphi \implies \mathcal{M} \models \varphi \, .$$

(Hinweis: Problem 4.1.10 (b))

4.3.5   **Problem 4.3.5** Sei $\mathcal{R} = (\mathbb{R}; 0, 1, <, +, \cdot)$ das Standard-Modell von VGK, und sei U ein Ultrafilter auf $\mathbb{N}$, der den FRECHÉT-Filter auf $\mathbb{N}$ fortsetzt. Sei

$$\mathcal{R}^* = (\mathbb{R}^*; 0^*, 1^*, <^*, +^*, \cdot^*) = \mathrm{Ult}(\mathcal{R}; U)$$

die Ultrapotenz von $\mathcal{R}$ mittels U. Zeigen Sie die folgenden Aussagen.

(a) Die Abbildung $e\colon \mathbb{R} \to \mathbb{R}^*$, die $x \in \mathbb{R}$ nach $e(x) = [f_x]$
     sendet, wobei $f_x(n) = x$ für alle $n \in \mathbb{N}$, ist ein Homomor-
     phismus. Allerdings ist e nicht surjektiv.

(b) Es gibt ein $x \in \mathbb{R}^*$, so dass $0^* <^* x <^* e(\epsilon)$ für alle $\epsilon \in \mathbb{R}$,
     $\epsilon > 0$, d. h. es gibt „infinitesimal kleine" Zahlen.

(b) Es gibt ein $x \in \mathbb{R}^*$, so dass $y <^* x$ für alle $e(y) \in \mathbb{R}$, d. h. es
     gibt „unendlich große" Zahlen.

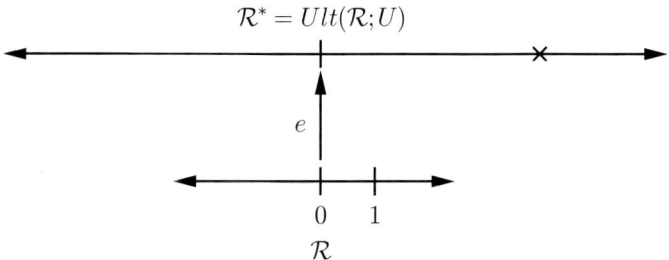

Modelle wie $\mathcal{R}^*$ aus Problem 4.3.5 werden in der *Nichtstan-
dard-Analysis* studiert (siehe z. B. [13]).

4.4 Unvollständigkeit

Wir wollen nun den Beweis einer Variante des Ersten Gö-
DELschen Unvollständigkeitssatzes kennen lernen. Dieser
Beweis wurde von SAUL KRIPKE gefunden und ist in der
Arbeit [17] veröffentlicht.

**Satz 4.4.1   (Erster Gödelscher Unvollständigkeits-
satz)** Es gibt einen Satz σ der Sprache von PA, so dass
σ zwar im Standard-Modell $\mathcal{N} = (\mathbb{N}; <, 0, 1, +, \cdot, E)$ von PA
wahr ist, es jedoch auch ein Nichtstandard-Modell $\mathcal{M}$ von
PA gibt, in welchem σ nicht wahr ist.

Beweis: Der Beweis bedarf einiger Vorbereitung. Sei s eine
endliche oder unendliche streng monoton wachsende Folge
natürlicher Zahlen, d. h. $s\colon B \to \mathbb{N}$, wobei B ein Anfangsstück von $\mathbb{N}$ ist (siehe Definition 1.1.5). Im Falle $B \subsetneq \mathbb{N}$
bezeichnen wir dasjenige $n \in \mathbb{N}$, so dass $B = \{m \in \mathbb{N}\colon m <
n\}$, als die *Länge* von s; im Falle $B = \mathbb{N}$ sei per Dekret
∞ die *Länge* von s. Wir schreiben allgemein auch $\mathrm{lh}(s)$ für
die Länge von s, so dass $\mathrm{lh}(s) \in \mathbb{N} \cup \{\infty\}$. Zur Vereinfa-
chung der Notation erweitern wir die Ordnung $<$ auf $\mathbb{N}$ in
natürlicher Weise zu einer Ordnung auf $\mathbb{N} \cup \{\infty\}$, die wir
auch mit $<$ bezeichnen, indem wir $n < \infty$ für alle $n \in \mathbb{N}$
setzen. Wir schreiben s_k für $s(k)$, d. h. für das k^{te} Element
von s (falls $k < \mathrm{lh}(s)$; ansonsten ist s_k nicht definiert). Es
gilt also $s = s_0, s_1, \ldots, s_{\mathrm{lh}(s)-1}$ mit $s_0 < s_1 < \cdots < s_{lh(s)-1}$,
falls $\mathrm{lh}(s) < \infty$ und $s = s_0, s_1, \ldots$ mit $s_0 < s_1 < \cdots$ falls
$\mathrm{lh}(s) = \infty$.

Sei ein solches s mit $\mathrm{lh}(s) \geq 2$ und $\mathrm{lh}(s) \leq \infty$ gegeben.
Sei $\varphi(v_0, v_1)$ eine Formel der Sprache von PA, die genau die
beiden Variablen v_0 und v_1 frei enthalte. Wir betrachten
das folgende Spiel $\mathcal{G}(s, \varphi)$ zweier Spieler I und II. Spieler I
spielt zunächst ein $k < \mathrm{lh}(s) - 1$ und eine natürliche Zahl
$m_0 < s_k$. Spieler II spielt daraufhin eine natürliche Zahl
$m_1 < s_{k+1}$:

$$
\begin{array}{c|cc}
I & k & m_0 \\
\hline
II & & m_1
\end{array}
$$

Der erste Spieler, der eine dieser Regeln verletzt, verliert
das Spiel $\mathcal{G}(s, \varphi)$; wenn sich beide Spieler an alle Regeln
halten, dann gewinnt Spieler II das Spiel $\mathcal{G}(s, \varphi)$ gdw. $\mathcal{N} \models$
$\varphi(m_0, m_1)$; andernfalls gewinnt Spieler I. Wir sagen auch,
dass Spieler II eine *Gewinnstrategie* für $\mathcal{G}(s, \varphi)$ besitzt, oder
auch: dass s die Formel φ *erfüllt*, gdw.

$$\forall k < \mathrm{lh}(s) - 1 \; \forall m_0 < s_k \; \exists m_1 < s_{k+1} \; \mathcal{N} \models \varphi(m_0, m_1) \, .$$

Sei nun allgemeiner $n \in \mathbb{N}$, $n \geq 1$, und sei s eine endliche oder unendliche streng monoton wachsende Folge
natürlicher Zahlen mit $\mathrm{lh}(s) \geq 2n$. Sei $\varphi(v_0, \ldots, v_{2n-1})$
eine Formel der Sprache von PA, in der genau die Variablen
$v_0, \ldots, v_{2n-1}$ frei vorkommen. Dann bezeichnet $\mathcal{G}(s, \varphi)$ das
nachstehende Spiel zweier Spieler I und II.

$$
\begin{array}{c|ccccccc}
I & k_0 & m_0 & & k_2 & m_2 & \cdots & k_{2n-2} & m_{2n-2} \\
\hline
II & & & m_1 & & & m_3 & \cdots & & m_{2n-1}
\end{array}
$$

Die Spielregeln lauten dabei wie folgt. Es gelte $k_0 < \mathrm{lh}(s) -$
1, $m_0 < s_{k_0}$, $m_1 < s_{k_0+1}$, und für alle $i < n - 1$ gelte

$k_{2i} + 1 < k_{2i+2} < \mathrm{lh}(s) - 1$, $m_{2i+2} < s_{k_{2i+2}}$ und $m_{2i+3} < s_{k_{2i+3}}$. Der erste Spieler, der eine dieser Regeln verletzt, verliert das Spiel $\mathcal{G}(s, \varphi)$; wenn sich beide Spieler an alle Regeln halten, dann gewinnt Spieler II das Spiel $\mathcal{G}(s, \varphi)$ gdw. $\mathcal{N} \models \varphi(m_0, \ldots, m_{2n-1})$; andernfalls gewinnt Spieler I. Wir definieren „II hat eine *Gewinnstrategie* für $\mathcal{G}(s, \varphi)$", äquivalent: „s *erfüllt* φ", völlig analog zum obigen Spezialfall $n = 1$, als

$$\forall k_0 < \mathrm{lh}(s) - 1 \; \forall m_0 < s_{k_0} \; \exists m_1 < s_{k_0+1} \cdots (\cdots$$
$$\forall k_{2n-2}(k_{2n-4} + 1 < k_{2n-2} < \mathrm{lh}(s) - 1$$
$$\rightarrow \forall m_{2n-2} < s_{k_{2n-2}} \exists m_{2n-1} < s_{k_{2n-2}+1}$$
$$\mathcal{N} \models \varphi(m_0, m_1, \ldots, m_{2n-2}, m_{2n-1})) \cdots) \,.$$

Wenn s mit $\mathrm{lh}(s) < \infty$ die Formel $\varphi(v_0, \ldots, v_{2n-1})$ erfüllt, dann muss offensichtlich $\mathrm{lh}(s) \geq 2n$ gelten, da dann

$$s_{k_0} < s_{k_0} + 1 < s_{k_2} < s_{k_2} + 1 < \cdots < s_{k_{2n-2}} < s_{k_{2n-2}} \,.$$

Wenn $\mathrm{lh}(s) = \infty$, dann divergiert die Folge s gegen ∞, da wir stets voraussetzen, dass s streng monoton wachsend ist. Daraus ergibt sich die folgende Behauptung; diese wird zwar nicht direkt weiter benutzt, die vorgeführte Beweismethode wird aber im Beweis von Behauptung 4 ausgebeutet werden.

Behauptung 1: Sei s eine streng monoton wachsende Folge natürlicher Zahlen mit $\mathrm{lh}(s) = \infty$, und sei $\varphi(v_0, \ldots, v_{2n-1})$ eine Formel, in der genau die Variablen $v_0, \ldots, v_{2n-1}$ frei vorkommen. Wenn s die Formel $\varphi(v_0, \ldots, v_{2n-1})$ erfüllt, dann gilt

$$\mathcal{N} \models \forall m_0 \exists m_1 \cdots \forall m_{2n-2} \exists m_{2n-1} \varphi(m_0, \ldots, m_{2n-1}).$$

Beweis von Behauptung 1: (Siehe auch Problem 4.4.2.) Sei $i \leq n$, $i > 0$, und sei $u = (m_0, m_2, \ldots, m_{2i-2})$ eine Folge natürlicher Zahlen. Wir definieren dann eine Folge $(k_0(u), k_2(u), \ldots, k_{2i-2}(u))$ natürlicher Zahlen wie folgt: $k_0(u)$ ist das kleinste $k \in \mathbb{N}$ mit $m_0 < s_k$, und für $j < i$, $j > 0$, sei $k_{2j}(u)$ das kleinste $k \in \mathbb{N}$ mit $k_{2i-2}(u) + 1 < k$ und $m_{2j} < s_k$. Die Folge der $(k_0(u), k_2(u), \ldots, k_{2m-2}(u))$ ist wohldefiniert, da s streng monoton wachsend ist und $\mathrm{lh}(s) = \infty$, und $k_{2j}(u)$ hängt offensichtlich nur von der Teilfolge $(m_0, m_2, \ldots, m_{2j})$ ab.

Wir setzen voraus, dass s die Formel $\varphi(v_0, \ldots, v_{2n-1})$ erfüllt. Also existiert für jedes $m_0 \in \mathbb{N}$ ein $m_1 < s_{k_0((m_0))+1}$, so dass für jedes $m_2 \in \mathbb{N}$ ein $m_3 < s_{k_2((m_0,m_2))+1}$ existiert, so dass ..., so dass für jedes $m_{2n-2} \in \mathbb{N}$ ein $m_{2n-1} < s_{k_{2n-2}((m_0,m_2,\ldots,m_{2n-2}))+1}$ existiert, so dass

$$\mathcal{N} \models \varphi(m_0, m_1, \ldots, m_{2n-2}, m_{2n-1}).$$

Die m_{2j+1} sind z. B. Antworten von Spieler II im Spiel $\mathcal{G}(S, \varphi)$ gemäß einer Gewinnstrategie:

I	$k_0((m_0))$ m_0 $\cdots$
II	m_1 $\cdots$

$$\underline{k_{2n-2}((m_0, \ldots, m_{2n-2}))\ m_{2n-2}}$$
$$m_{2n-1}$$

Insbesondere gilt nun

$$\mathcal{N} \models \forall m_0 \exists m_1 \cdots \forall m_{2n-2} \exists m_{2n-1} \varphi(m_0, \ldots, m_{2n-1}) \,.$$

□

Eine endliche Folge s heißt *gut* gdw. $s_0 > \mathrm{lh}(s)$ und für $0 < i < \mathrm{lh}(s)$ immer gilt, dass $s_i > (s_{i-1})^{s_{i-1}}$.

Behauptung 2: Sei $k \in \mathbb{N}$, und seien die $k + 1$ Formeln $\varphi_0(v_0, \ldots, v_{2n_0-1})$, ..., $\varphi_k(v_0, \ldots, v_{2n_k-1})$ gegeben. Wenn alle $k + 1$ Aussagen

$$\mathcal{N} \models \forall m_0 \exists m_1 \cdots \forall m_{2n_0-2} \exists m_{2n_0-1} \ \varphi_0(m_0, \ldots, m_{2n_0-1}) \,,$$

$$\vdots$$

$$\mathcal{N} \models \forall m_0 \exists m_1 \cdots \forall m_{2n_k-2} \exists m_{2n_k-1} \ \varphi_k(m_0, \ldots, m_{2n_k-1})$$

wahr sind, dann gibt es eine gute Folge s, so dass s jedes φ_l für $l \leq k$ erfüllt.

Beweis von Behauptung 2: (Siehe auch Problem 4.4.3.) Für $m \in \mathbb{N}$ sei $z(m)$ das kleinste z, so dass für alle $l \leq k$, für alle $i < n_l$ und für alle $m_0, \ldots, m_{2i} < m$ gilt: wenn

$$\mathcal{N} \models \ \exists m_{2i+1} \forall m_{2i+2} \cdots \exists m_{2n_l-1}$$

$$\varphi_l(m_0, \ldots, m_{2i}, m_{2i+1}, \ldots, m_{2n_l-1}) \,,$$

dann existiert ein $m_{2i+1} < z$ mit

$$\mathcal{N} \models \forall m_{2i+2} \cdots \exists m_{2n_l-1}$$
$$\varphi_l(m_0, \ldots, m_{2i}, m_{2i+1}, \ldots, m_{2n_l-1}) \,.$$

Offensichtlich ist $z(m)$ für jedes m wohldefiniert.

Sei dann n die größte der Zahlen n_0, ..., n_k, und s eine Folge der Länge $m \geq 2n$, $m < \infty$, so dass $s_0 > m$ und für $0 < i < m$ immer gilt, dass $s_i > (s_{i-1})^{s_{i-1}}$ und auch $s_i \geq z(s_{i-1})$. Es ist leicht zu sehen, dass s dann jede der Formeln φ_l für $l \leq k$ erfüllt. $\qquad \square$

Im Folgenden sei $(\varphi_m | m \in \mathbb{N})$ eine „natürliche" Aufzählung der Axiome von PA. (Siehe auch Problem 4.1.13 (e).) Indem wir die Aufzählung $(\varphi_m | m \in \mathbb{N})$ notfalls hinreichend „redundant" umgestalten, dürfen und wollen wir voraussetzen, dass φ_m logisch äquivalent zu einer Formel der folgenden Form ist:

$$\forall v_0 \exists v_1 \cdots \forall v_{2m-2} \exists v_{2m-1} \psi_m(v_0, v_1, \ldots, v_{2m-2}, v_{2m-1}) \,,$$

wobei ψ_m genau die Variablen v_0, ..., v_{2m-1}, jedoch keine Quantoren enthält.

Sei $m \in \mathbb{N}$. Da alle φ_l, $l \in \mathbb{N}$, wahr in $\mathcal{N}$ sind, gibt es nach Behauptung 2 eine gute Folge s, so dass s jedes ψ_l für $l \leq m$ erfüllt. Der Satz σ, welcher die Wahrheit von Satz 4.4.1 bezeugen wird, soll nun ausdrücken, dass für alle m eine gute Folge s existiert, so dass s jedes ψ_l für $l \leq m$ erfüllt.

Sei C die in Problem 4.1.12 (c) definierte Menge aller $n \in$ $\mathbb{N}$, welche von der Gestalt $\prod_{i<k} p_i^{j(i)+1}$ für geeignete k, $j(0)$, ..., $j(k-1) \in \mathbb{N}$ sind. Damit ist C die Menge aller „Codes" für endliche Folgen natürlicher Zahlen. Wenn $n = \prod_{i<k} p_i^{j(i)+1} \in C$, dann sagen wir, dass die natürliche Zahl n die Folge $(j(0),\dots,j(k-1))$ *kodiert*. Aufgrund von Problem 4.4.4 ist die Menge G aller Paare $(n,m) \in \mathbb{N} \times \mathbb{N}$, so dass n eine gute Folge s kodiert, welche alle Formeln ψ_l mit $l \leq m$ erfüllt, über $\mathcal{N}$ definierbar. Sei etwa $\Theta(v_0, v_1)$ eine Formel der Sprache von PA, so dass für alle n, $m \in \mathbb{N}$ gilt:

$$(n,m) \in G \iff \mathcal{N} \models \Theta(n,m).$$

Nun sei σ der Satz

$$\forall v_1 \, \exists v_0 \, \Theta(v_0, v_1).$$

Es gilt aufgrund von Behauptung 2:

$(*)$ $\mathcal{N} \models \sigma$.

Es bleibt, ein Modell von PA zu konstruieren, in dem σ nicht wahr ist.

Sei zunächst mit Hilfe von Satz 4.3.2

$$\mathcal{M} = (\mathbb{N}^*; <^{\mathcal{M}}, 0^{\mathcal{M}}, 1^{\mathcal{M}}, +^{\mathcal{M}}, \cdot^{\mathcal{M}}, \wedge^{\mathcal{M}})$$

ein Nichtstandard-Modell von $\mathrm{Th}(\mathcal{N})$. Es sei $\pi_{\mathcal{M}} \colon \mathbb{N} \to \mathbb{N}^*$ der in Abschnitt 4.3 definierte Homomorphismus, der also nicht surjektiv ist. Indem wir notfalls $\mathcal{M}$ etwas umorganisieren, dürfen wir annehmen, dass $\pi_{\mathcal{M}}$ die Identität auf $\mathbb{N}$ ist,

d. h. $\mathbb{N} \subsetneq \mathbb{N}^*$ und $\pi_{\mathcal{M}}(n) = n$ für alle $n \in \mathbb{N}$. Wir bezeichnen die Elemente von $\mathbb{N}$ als die *Standard-Zahlen* von $\mathcal{M}$ und die Elemente von $\mathbb{N}^* \setminus \mathbb{N}$ als die *Nichtstandard-Zahlen* von $\mathcal{M}$. Sei $N \in \mathbb{N}^*$ eine beliebige Nichtstandard-Zahl. Aufgrund von $\mathcal{M} \models \mathrm{Th}(\mathcal{N})$ und $(*)$ gilt

$$\mathcal{M} \models \forall v_1 \exists v_0 \ \Theta(v_0, v_1) \,,$$

und damit auch

$$\mathcal{M} \models \exists v_0 \ \Theta(v_0, N) \,.$$

Es existiert ein aus der Sicht von $\mathcal{M}$ $<^{\mathcal{M}}$-minimales S, welches $\mathcal{M} \models \exists v_0 \ \Theta(v_0, N)$ bezeugt, d. h. es existiert ein $S \in \mathbb{N}^*$, so dass gilt:

$(**)$ $\mathcal{M} \models \ \Theta(S, N) \wedge \forall n (n < S \rightarrow \neg \ \Theta(n, N)).$

(Siehe Problem 1.2.4.) Mit N muss auch S eine Nichtstandard-Zahl sein. Sei nämlich s die von $S \in \mathbb{N}^*$ kodierte Folge. Dann ist wegen $\mathcal{M} \models \Theta(S, N)$ die Menge $\{n \in \mathbb{N}^* : n <^{\mathcal{M}} 2 \cdot^{\mathcal{M}} N\}$ im Definitionsbereich von s enthalten. Da N eine Nichtstandard-Zahl ist, muss $\mathbb{N} \subset \{n \in \mathbb{N}^* : n <^{\mathcal{M}} 2 \cdot^{\mathcal{M}} N\}$ gelten, d. h. jede Standard-Zahl ist im Definitionsbereich von s enthalten. Damit gilt

$$\mathcal{M} \models \ \text{„} p_n \text{ teilt } S \text{ “}$$

für alle $n \in \mathbb{N}$ und S ist in der Tat eine Nichtstandard-Zahl. (Siehe auch Problem 4.3.2.)

Für $n \in \mathbb{N}$ schreiben wir wieder s_n für das n^{te} Element von s. Für ein beliebiges $n \in \mathbb{N}$ gilt $s_n \in \mathbb{N}^*$, jedoch im allgemeinen nicht $s_n \in \mathbb{N}$. Die Folge

$$s \restriction \mathbb{N} = (s_0, s_1, s_2, \ldots)$$

ist nicht über $\mathbb{N}^*$ definierbar. (Dies wird im Folgenden nicht benötigt; siehe aber Problem 4.4.5.)
Wir definieren jetzt

$$H = \{ n \in \mathbb{N}^* : \text{ es gibt ein } k \in \mathbb{N} \text{ mit } n <^{\mathcal{M}} s_k \} .$$

(Da $s \restriction \mathbb{N}$ nicht über $\mathcal{M}$ definierbar ist, ist, wie die weiteren Argumente zeigen werden, die Menge H auch nicht über $\mathcal{M}$ definierbar; vgl. Problem 4.4.5.) Wir betrachten nun das Modell

$$\mathcal{M} \restriction H = (H; <^{\mathcal{M}} \restriction H, 0, 1, +^{\mathcal{M}} \restriction H, \cdot^{\mathcal{M}} \restriction H, {}^{\wedge \mathcal{M}} \restriction H) .$$

Behauptung 3. $\mathcal{M} \restriction H$ ist ein Modell der Sprache von PA.

Beweis von Behauptung 3: Zu zeigen ist, dass H unter den Operationen $+^{\mathcal{M}}$, $\cdot^{\mathcal{M}}$ und $^{\wedge \mathcal{M}}$ abgeschlossen ist, d. h. dass für $n, m \in H$ gilt, dass $n +^{\mathcal{M}} m$, $n \cdot^{\mathcal{M}} m$ und $n^{\wedge \mathcal{M}} m$ wieder in H sind.
Seien also $n, m \in H$, wobei wir $2 \leq^{\mathcal{M}} n$ und $2 \leq^{\mathcal{M}} m$ voraussetzen wollen, und seien $k_1, k_2 \in \mathbb{N}$ so, dass $n <^{\mathcal{M}} s_{k_1}$ und $m <^{\mathcal{M}} s_{k_2}$. Wenn dann k die grössere der beiden Zahlen k_1 und k_2 ist, dann gilt $n <^{\mathcal{M}} s_{k_1} \leq^{\mathcal{M}} s_k$ und $m <^{\mathcal{M}} s_{k_2} \leq^{\mathcal{M}} s_k$, also $n +^{\mathcal{M}} m \leq^{\mathcal{M}} n \cdot^{\mathcal{M}} m \leq^{\mathcal{M}} n^{\wedge \mathcal{M}} m <^{\mathcal{M}} s_k{}^{\wedge \mathcal{M}} s_k <^{\mathcal{M}} s_{k+1}$. Letztere Ungleichung ergibt sich daraus, dass

$$\mathcal{M} \models \text{ „} S \text{ kodiert eine gute Folge."}$$

Daraus folgt die Behauptung.   □

Behauptung 4. $\mathcal{M} \restriction H$ ist ein Modell von PA.

Beweis von Behauptung 4: Der Beweis variiert wie angekündigt den Beweis von Behauptung 1. Sei $m \in \mathbb{N}$ eine Standard-Zahl. Es genügt zu zeigen, dass $\mathcal{M} \restriction H \models \varphi_m$.
Sei $i \leq m$, $i > 0$, und sei $u = (n_0, n_2, \ldots, n_{2i-2})$ eine Folge von Elementen von H der Länge i. Wir definieren dann eine Folge $(k_0(u), k_2(u), \ldots, k_{2i-2}(u))$ von Standard-Zahlen wie folgt: $k_0(u)$ ist das kleinste $k \in \mathbb{N}$ mit $n_0 <^{\mathcal{M}} s_k$, und für $j < i$, $j > 0$, sei $k_{2j}(u)$ das kleinste $k \in \mathbb{N}$ mit $k_{2j-2}(u) + 1 < k$ und $n_{2j} <^{\mathcal{M}} s_k$. Die Folge der $(k_0(u), k_2(u), \ldots, k_{2m-2}(u))$ ist wohldefiniert, da für alle $n \in H$ ein $k \in \mathbb{N}$ mit $n <^{\mathcal{M}} s_k$ existiert, und $k_{2j}(u)$ hängt offensichtlich nur vom Anfangsstück $(n_0, n_2, \ldots, n_{2j})$ von u ab.
Da $\mathcal{M} \models \Theta(S, N)$ und $m <^{\mathcal{M}} N$, gilt auch $\mathcal{M} \models \Theta(S, m)$. Somit existiert für jedes $n_0 \in H$ ein $n_1 <^{\mathcal{M}} s_{k_0((n_0))+1}$, so dass für jedes $n_2 \in H$ ein $n_3 <^{\mathcal{M}} s_{k_2((n_0, n_2))+1}$ existiert, so dass ..., so dass für jedes $n_{2m-2} \in H$ ein $n_{2m-1} <^{\mathcal{M}} s_{k_{2m-2}((n_0, n_2, \ldots, n_{2m-2}))+1}$ existiert, so dass

$$\mathcal{M} \models \psi_m(n_0, n_1, \ldots, n_{2m-2}, n_{2m-1}) \,.$$

Die n_{2j+1} sind z.B. Antworten von Spieler II im Spiel $\mathcal{G}(S, m)$ gemäß einer Gewinnstrategie für II, ausgerechnet im Modell $\mathcal{M}$:

$$
\begin{array}{c|ccc}
I & k_0((n_0)) \; n_0 & \cdots & \\
\hline
II & & n_1 & \cdots \\
\end{array}
$$

$$\underline{k_{2m-2}((n_0,\ldots,n_{2m-2})) \; n_{2m-2}}$$
$$n_{2m-1}$$

Insbesondere gilt also $\mathcal{M} \restriction H \models \varphi_m$.

Behauptung 5. $\mathcal{M} \restriction H \models \neg\sigma$.

Beweis von Behauptung 5. Da $\{n \in \mathbb{N}^* : n <^{\mathcal{M}} 2 \cdot^{\mathcal{M}} N\}$ im Definitionsbereich von s enthalten ist, und da

$$\mathcal{M} \models \text{„}S \text{ kodiert eine gute Folge,“}$$

gilt $2 \cdot^{\mathcal{M}} N <^{\mathcal{M}} s_0$, so dass insbesondere $N \in H$ gilt. Wir zeigen nun, dass

$$\mathcal{M} \restriction H \models \neg\exists v_0 \; \Theta(v_0, N) \,.$$

Angenommen, es gilt $\mathcal{M} \restriction H \models \Theta(\bar{S}, N)$, wobei $\bar{S} \in H$. Dann gilt auch $\mathcal{M} \models \Theta(\bar{S}, N)$. (Siehe Problem 4.4.6.) Aufgrund der Wahl von S (siehe $(**)$) gilt dann aber $S = \bar{S}$ oder $S <^{\mathcal{M}} \bar{S}$, woraus in jedem Falle $S \in H$, also $S <^{\mathcal{M}} s_k$ für ein geeignetes $k \in \mathbb{N}$ folgt.

Auf der anderen Seite gibt es aber für jedes $n \in H$ ein $k \in \mathbb{N}$ mit $n <^{\mathcal{M}} s_k$. Für ein beliebiges $k \in \mathbb{N}$ gilt aber offensichtlich, dass $s_k <^{\mathcal{M}} S$, da

$$\mathcal{M} \models \text{„}p_k^{s_k+1} \text{ teilt } S.“$$

Also gilt $S <^{\mathcal{M}} S$. Widerspruch!   □

Nach Satz 4.4.1 gibt es also Sätze, die in PA weder beweisbar noch widerlegbar sind. Man kann Theorien wie PA
eine „beweistheoretische" Stärke zuordnen, welche (mit Hilfe von Ordinalzahlen) mißt, in welchem Umfang Aussagen
in der gegebenen Theorie beweisbar sind. Derartige Un-
tersuchungen werden in der Beweistheorie angestellt, siehe
z. B. [16].

Problem 4.4.1 Sei $\varphi(v_0, \ldots, v_{2n-1})$ eine Formel, in der genau   **4.4.1**
die Variablen v_0, …, v_{2n-1} frei vorkommen. Zeigen Sie, dass
die Menge aller $t \in \mathbb{N}$, so dass t eine endliche Folge natürlicher
Zahlen kodiert, welche φ erfüllt, über $\mathcal{N}$ definierbar ist. Zeigen
Sie auch: wenn φ eine Σ_0-Formel ist, dann ist diese Menge sowohl
Σ_1- als auch Π_1- definierbar.

Problem 4.4.2 Ergänzen Sie die Details im Beweis von Behaup-   **4.4.2**
tung 1!

Problem 4.4.3 Ergänzen Sie die Details im Beweis von Behaup-   **4.4.3**
tung 2!

Problem 4.4.4 * Sei G die Menge aller Paare $(n, m) \in \mathbb{N} \times \mathbb{N}$,   **4.4.4**
so dass n eine gute Folge s kodiert, welche alle Formeln ψ_l mit
$l \leq m$ erfüllt. Zeigen Sie, dass G über $\mathcal{N}$ Σ_1-definierbar ist.
(Hinweis: Mit Hilfe von Problem 4.1.13 (f) ist zunächst $\{(m, k) \in
\mathbb{N} \times F \colon k$ kodiert $\varphi_m\}$ sowohl Σ_1- als auch Π_1-definierbar über
$\mathcal{N}$. Unter Benutzung von 4.1.13 (g) kann dann gezeigt werden,
dass G ebenfalls Σ_1-definierbar über $\mathcal{N}$ ist.)

4.4.5   **Problem 4.4.5** [*]   Zeigen Sie: Für die oben definierten Objekte S, s und H gilt:

(a) S ist eine Nichtstandard-Zahl, und $\mathbb{N} \subsetneqq \{n \in \mathbb{N}^* : n <^{\mathcal{M}} 2 \cdot^{\mathcal{M}} N\}$.

(b) Die Folge $s \upharpoonright \mathbb{N}$ ist nicht über $\mathcal{M}$ definierbar.

(c) Die Menge H ist nicht über $\mathcal{M}$ definierbar. (Hinweis zu (b) und (c): Wenn $A \subsetneqq \mathbb{N}^*$ über $\mathcal{M}$ definierbar ist, dann existiert ein $n \in \mathbb{N}^* \setminus A$, von welchem $\mathcal{M}$ glaubt, es sei $<^{\mathcal{M}}$-minimal in $\mathbb{N}^* \setminus A$. Dieses n muß dann ein „Nachfolger" sein.)

4.4.6   **Problem 4.4.6**   Angenommen, es gilt $\mathcal{M} \upharpoonright H \models \Theta(\bar{S}, N)$, wobei $\bar{S} \in H$. Zeigen Sie, dass dann auch $\mathcal{M} \models \Theta(\bar{S}, N)$ gilt. (Hinweis: Wegen Problem 4.4.4 dürfen wir annehmen, dass Θ eine Σ_1-Formel ist. Die Aussage ergibt sich dann mit Hilfe von Problem 4.1.10 (b).)

Literaturverzeichnis

[1] Siegfried Bosch, *Algebra*, Springer-Verlag 2006.

[2] Chen Chung Chang und H. Jerome Keisler, *Model Theory*, Elsevier 1990.

[3] Heinz-Dieter Ebbinghaus, Jörg Flum und Wolfgang Thomas, *Einführung in die mathematische Logik*. Spektrum, Heidelberg u.a. 1998.

[4] Herb Enderton, *A Mathematical Introduction to Logic*, Academic Press 1972.

[5] Gerd Fischer, *Lineare Algebra*, Vieweg 1975.

[6] Otto Forster, *Analysis 1*, Vieweg 1976.

[7] Wilfrid Hodges, *Model theory*, Cambridge University Press 1993.

[8] Thomas Jech, *Sct Theory. The Third Millennium Edition*, Springer-Verlag 2002.

[9] Akihiro Kanamori, *The higher infinite*, Springer-Verlag 2003.

[10] Richard Kaye, *Models of Peano Arithmetic*, Oxford University Press 1991.

[11] John L. Kelley, *General Topology*, Springer-Verlag 1975.

[12] Kenneth Kunen, *Set Theory: An Introduction to Independence Proofs*, North Holland Publishing Co. 1980.

[13] Dieter Landers und Lothar Rogge, *Nichtstandard Analysis*, Springer-Verlag 1994.

[14] David Marker, *Model Theory: An Introduction*, Springer-Verlag 2002.

[15] Yiannis N. Moschovakis, *Descriptive Set Theory*, Springer-Verlag 1980.

[16] Wolfram Pohlers, *Proof Theory: The First Step into Impredicativity*, Springer-Verlag 2008.

[17] Hilary Putnam, *Nonstandard Models and Kripke's Proof of the Gödel Theorem*, Notre Dame Journal of Formal Logic **41**(1) (2000), pp. 53–58.

[18] Hans-Jörg Reiffen, Günter Scheja und Udo Vetter, *Algebra*, BI-Wissenschaftsverlag, Mannheim 1984.

Index